万泉河流域鱼类图鉴

Wanquanhe Liuyu
Yulei Tujian

申志新／主编

中国农业出版社
北京

图书在版编目（CIP）数据

万泉河流域鱼类图鉴／申志新主编．—北京：中
国农业出版社，2023.12
　ISBN 978-7-109-31558-7

　Ⅰ.①万…　Ⅱ.①申…　Ⅲ.①河流－流域－鱼类资源
－海南－图集　Ⅳ.①S932.4-64

中国国家版本馆CIP数据核字（2023）第243228号

中国农业出版社出版
地址：北京市朝阳区麦子店街18号楼
邮编：100125
责任编辑：杨晓改　李文文
版式设计：王　晨　　责任校对：吴丽婷　　责任印制：王　宏
印刷：北京中科印刷有限公司
版次：2023年12月第1版
印次：2023年12月北京第1次印刷
发行：新华书店北京发行所
开本：880mm×1230mm　1/16
印张：14.25
字数：450千字
定价：180.00元

BIANZHE MINGDAN

编 者 名 单

主　　编　申志新
副 主 编　李高俊　蔡杏伟　李芳远
参编人员：赵光军　董　杨　谷　圆　张清凤　顾党恩
　　　　　邢迎春　谢松光　郭志强　李成攀　左　斌
　　　　　郦　珊　李　帆　王镇江　王　吉　陈棣凯

编写单位：海南省海洋与渔业科学院
资助项目：海南省科技项目资助（ZDYF2023SHFZ132，
　　　　　ZDYF2021XDNY299）；海南省自然科学基金项目资
　　　　　助（320MS117，320RC748）；海南省海洋与渔业科
　　　　　学院省本级项目资助（KYL-2022-13）。

前言 FOREWORD

一提到万泉河，就会想起"万泉河水清又清……"这首旋律优美的歌曲。的确，万泉河水色清清，蜿蜒曲回，从五指山发源，一路向北折东汇集数十条大小支流，在著名的博鳌玉带滩流入南海。它是海南岛第三大河流，被誉为琼岛"母亲河"，也是我国典型的热带河流，号称"东方亚马孙"。

万泉河流域水系十分发达，支流众多，其流域涉及万宁、琼中、琼海、屯昌、定安、文昌6个行政辖区，主要由南、北两源组成。南源为干流，全长178km；北源为最大支流，全长88km，于合口咀从左岸汇入干流。万泉河流域其他主要支流还有太平溪、三更罗溪、中平溪、营盘溪、青梯溪、文曲河、加浪河、塔洋河、九曲江和龙滚河。万泉河干流在合口咀以上为上游段，合口咀至嘉积为中游段，嘉积至出海口为下游段。2009年万泉河国家级水产种质资源保护区获批成立，保护区全长61.64km，总面积3 248hm^2，其中核心区面积1 020hm^2，实验区面积2 228hm^2。

万泉河鱼类的记载最早零星见诸于明清时期的地方史志，近代以来中外学者做了一些调查并发表了一些文章。20世纪60年代，我国水产专业院所对海南岛的淡水及河口鱼类做了调查和研究，80年代出版了《海南岛淡水及河口鱼类志》，书中记录了万泉河的鱼类。2020年中国水产科学院珠江水产研究所编著的《海

南岛淡水及河口鱼类原色图鉴》和2021年海南省海洋与渔业科学院编著的《海南淡水及河口鱼类图鉴》中也收录了万泉河淡水及河口鱼类。但始终缺少一本专门反映万泉河流域淡水及河口鱼类的图书。

　　近年来，海南省海洋与渔业科学院淡水渔业研究所（海南淡水生物资源及生态环境保护研究中心）对万泉河鱼类资源、产卵场分布做了调查，2018年至今对万泉河鱼类开展了常态化监测，并开展了一系列保护、修复和资源养护研究。

　　本图鉴是近几年海南省海洋与渔业科学院淡水渔业研究所（海南淡水生物资源及生态环境保护研究中心）对万泉河鱼类调查与监测的工作成果，书中包含着科研人员的智慧与付出。本图鉴收录了万泉河流域淡水及河口鱼类共198种（外来鱼类26种），其中纯淡水鱼类100种，河口鱼类98种。本书全面系统地为读者展示了万泉河鱼类的种类、分布等本底状况，可作为一本图文并茂的科普读物供从事万泉河鱼类保护的机构和社会大众阅读，也可作为一本非常实用的专业工具书。相信本书的出版会对万泉河水系鱼类的保护起到促进作用。

2023年10月

目录 CONTENTS

Choondrichthyes

软 骨 鱼 纲

1. 赤魟 chìhóng

***Hemitrygon akajei* Müller & Henle, 1841**

魟科 Dasyatidae   魟属 *Hemitrygon* J. P. Müller & Henle, 1838

鲼形目 Myliobatiformes

英 文 名：whip ray。

地 方 名：夯鱼。

主要特征：体盘近圆形，前缘斜直。吻端较短。口小，横裂，波曲状，口底有3个乳突，外侧各有1个细小乳突。尾细长如鞭，在尾刺后方的背侧面具一低的皮褶，而腹侧面则有比较明显延长的皮褶。体赤褐色，边缘浅淡，腹面近边缘区橙黄色，中央区淡黄色。

生活习性：属暖温性底层洄游性鱼类；以小鱼和甲壳动物为食。

主要分布：琼海博鳌。

种群数量：偶见。

濒危状况：中国脊椎动物红色名录近危物种；中国物种红色名录濒危物种；世界自然保护联盟濒危物种红色名录（IUCN）近危物种。

注：尾刺有毒腺

Osteichthyes

硬骨鱼纲

2. 海鲢 hǎilián

Elops machnata Linnaeus, 1775

英 文 名：ten pounder。

主要特征：背鳍20~23；臀鳍14~16；胸鳍18；腹鳍14。体侧扁，头后背部稍隆起。口大，头细长。体被小而薄的圆鳞，腹部无棱鳞。背鳍最后鳍条不延长成丝状。体背青黄色，腹部银白色，背鳍和尾鳍青黄色。

生活习性：暖水性中上层鱼类，个体大；以小鱼虾为主食。幼鱼常出现于内湾、河口等水域；成鱼于外海产卵。

主要分布：琼海博鳌。

种群数量：常见。

渔业利用：经济鱼类。

3. 太平洋大海鲢

tàipíngyángdàhǎilián

Megalops cyprinoides (Broussonet, 1782)

大海鲢科 Megalopidae	大海鲢属 *Megalops* Lacépède, 1803

英 文 名：ten pounder。

地 方 名：大海鲢。

主要特征：背鳍18~19；臀鳍25~27；胸鳍15；腹鳍10；尾鳍18~20。体背缘较平直。头较大。下颌较突出。背鳍最后鳍条延长成丝状并超过臀鳍基部。体背青绿色，侧线下部银白色。吻端灰绿色，各鳍淡黄色。

生活习性：暖水性中大型鱼类，栖息于沿岸浅水处，可进入河口咸淡水水域或淡水中；幼鱼摄食浮游动物，成鱼摄食虾、小鱼。

主要分布：琼海博鳌。

种群数量：常见。

渔业利用：经济鱼类，可人工养殖。

4. 遮目鱼 zhēmùyú

Chanos chanos (Forskål, 1775)

遮目鱼科 Chanidae   遮目鱼属 *Chanos* Lacépède, 1803

英 文 名：bony salmon。

地 方 名：虱目鱼。

主要特征：背鳍14；臀鳍11；胸鳍15；腹鳍12；尾鳍19。体似梭形，稍高。头锥形。口裂短，稍倾斜。上颌稍突出于下颌。体被小圆鳞，不易脱落。侧线发达，几近平直。鳍及臀鳍基部有发达的鳞鞘。体背部呈青绿色，体侧下方和腹部银白色。

生活习性：暖水性中大型鱼类；杂食性，幼鱼主要以浮游生物为饵料。

主要分布：琼海博鳌。

种群数量：常见。

渔业利用：经济鱼类，可人工养殖。

5. 花鰶 huājì

Clupanodon thrissa (Linnaeus, 1758)

英 文 名：gizzard shad。

地 方 名：薄鳞。

主要特征：背鳍15~17；臀鳍23~25；胸鳍15；腹鳍8。体呈卵圆形，侧扁。背部浅弧形，腹部弧形。上下颌等长，前上颌骨中间有明显的凹陷。腹缘有锐利的锯齿状棱鳞。上颌前端中央有明显的缺刻。背鳍末端软鳍条延长。体被小圆鳞，不易脱落。体背绿褐色，体侧下方和腹部银白色。体前部背侧有4~7个黑斑，排成1列纵行。

生活习性：暖水性小型鱼类，喜集群；主要以硅藻、浮游动物及小型甲壳类为饵料；4月开始生殖洄游，6—7月为产卵盛期。

主要分布：琼海博鳌。

种群数量：常见。

濒危状况：中国物种红色名录易危物种。

6. 斑鰶 bānjì

Konosirus punctatus (Temminck & Schlegel, 1846)

鲱科 Clupeidae | 斑鰶属 *Konosirus* Jordan & Snyder, 1900

英 文 名：konoshiro gizzard shad。

地 方 名：薄鳞。

主要特征：背鳍15~17；臀鳍21~24；胸鳍16；腹鳍8；尾鳍18~20。体长卵形，背部弧形。吻短而钝。腹部平缓并有锯齿状棱鳞。上颌略突出于下颌，上颌前端中央缺刻不显著。背鳍末端软鳍条延长。体背绿褐色，体侧下方和腹部银白色。体前部有1个较大深绿色大斑块。

生活习性：暖温性中上层鱼类；栖息于河口咸淡水水域；杂食性。

主要分布：琼海博鳌。

种群数量：常见。

渔业利用：经济鱼类。

7. 鳓 lè

Ilisha elongata (Anonymous [Bennett], 1830)

鲱科 Clupeidae　　　　　　　　　　　　　**鳓属 *Ilisha* Richardson, 1846**

英 文 名：elongate ilisha。

主要特征：背鳍17；臀鳍48~50；胸鳍18；腹鳍7；尾鳍26。体长而宽，侧扁。吻短钝，上翘。体被薄圆鳞，胸鳍和腹鳍基部均具腋鳞。鳃孔后上方有1块小黑斑。体背灰黑色，体侧银白色。

生活习性：暖水性中上层洄游鱼类，喜集群；以虾类为食。

主要分布：琼海博鳌。

种群数量：偶见。

鲱形目 Clupeiformes

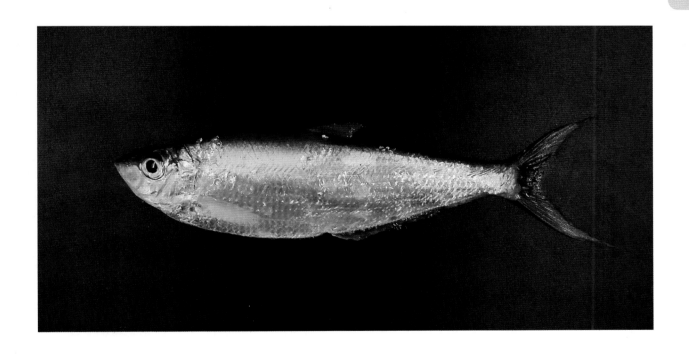

8. 中颌棱鳀 zhōnghélēngtí

Thryssa mystax (Bloch & Schneider, 1801)

| 鳀科 Engraulidae | 棱鳀属 *Thryssa* Cuvier, 1817 |

英 文 名：moustached thryssa。

主要特征：背鳍I-14~15；臀鳍40~41；胸鳍13；腹鳍7。体薄，前半部稍厚，有锐利棱鳞。吻稍圆钝，口稍大，上颌稍长于下颌。上颌骨后端伸达胸鳍起点。体被圆鳞，无侧线。体背部青绿色，腹侧银白色，吻部浅黄色，鳃盖骨后方有1个青黄色大斑。

生活习性：暖水性近岸河口表层小型鱼类；滤食性。

主要分布：琼海博鳌。

种群数量：少见。

9. 长颌棱鳀 chánghélēngtí

Thryssa setirostris (Broussonet, 1782)

鳀科 Engraulidae	棱鳀属 *Thryssa* Cuvier, 1817

英　文　名：longjaw thryssa。

主要特征：背鳍I-13；臀鳍39；胸鳍13；腹鳍7。体长形，极侧扁。头小。上颌骨末端尖且延长，可伸达肛门。体被较大圆鳞，易脱落，无侧线。体背部青绿色，体侧和腹侧银白色。鳃孔后上方由波纹状线聚成1块绿斑。

生活习性：暖水性近岸河口表层小型鱼类；滤食性，以浮游生物为主，辅以多毛类、端足类。

主要分布：琼海博鳌。

种群数量：少见。

10. 日本鳗鲡 rìběnmánlí

Anguilla japonica Temminck & Schlegel, 1846

鳗鲡科 **Anguillidae**　　　　　　　　　　　鳗鲡属 *Anguilla* Shaw, 1803

英 文 名：Japanese eel。

地 方 名：白鳝。

主要特征：体延长，前部圆柱形，肛门之后的尾部稍扁。头短，圆锥形，下颌稍突出。全长为背鳍起点至臀鳍起点垂线间距9倍以上。无腹鳍。体被长椭圆形细鳞，无花纹。体背部深灰色，体侧灰色，腹部白色。

生活习性：典型洄游性鱼类，洄游进入淡水河流以后，栖息于江河、湖泊、水库等水体，常隐居在近岸洞穴中，喜暗怕光，昼伏夜出；肉食性鱼类，以小型鱼类、甲壳类等水生动物为食；母鱼产完卵后死亡。

主要分布：琼海朝阳、嘉积。

种群数量：少见。

渔业利用：可养殖鱼类。

濒危状况：中国脊椎动物红色名录濒危物种。

11. 花鳗鲡 huāmánlí

Anguilla marmorata Quoy & Gaimard, 1824

鳗鲡科 Anguillidae | 鳗鲡属 *Anguilla* Shaw, 1803

英文名：marbled eel。

地方名：淡水鳗、麻鱼。

主要特征：体圆筒形，尾部稍侧扁，腹缘平直头背缘稍弧形。眼椭圆形，覆有透明皮膜。下颌略突出于上颌。全长为背鳍起点至臀鳍起点垂线间距7倍以下。背鳍、腹鳍与尾鳍相连。体背侧密布黄绿色斑块和斑点，腹部乳白色。

生活习性：降河性洄游鱼类，主要栖息于河流底层或洞穴；性情较为凶猛，主要以鱼、虾、贝类、蠕虫等动物为食，偶尔爬至陆地摄食小型陆生动物。

主要分布：万泉河水系均有分布。

种群数量：常见。

濒危状况：中国脊椎动物红色名录濒危物种；国家重点保护野生动物名录Ⅱ级保护物种。

鳗鲡目 Anguilliformes

12. 灰海鳗 huīhǎimán

***Muraenesox cinereus* (Forsskål, 1775)**

海鳗科 Muraenesocidae　　　　　　　　　　　**海鳗属 *Muraenesox* Mc Clelland, 1844**

英 文 名：daggertooth pike conger。

地 方 名：海鳝。

主要特征：体延长，躯干部圆筒形。头锥形，较尖突。吻尖长，大于眼径2.5倍。上颌突出。体无鳞，背鳍、臀鳍和尾鳍相连。背侧方暗银灰色，腹侧和腹部白色。背鳍、臀鳍和尾鳍边缘黑色，胸鳍淡褐色。

生活习性：暖水性近底层鱼类，集群性较差，具有广温性和广盐性，有季节洄游习性；凶猛肉食性鱼类，以底栖的虾蟹及小鱼为食。

主要分布：琼海博鳌。

种群数量：常见。

渔业利用：经济鱼类。

13. 裸鳍虫鳗 luǒqíchóngmán

Muraenichthys gymnopterus (Bleeker, 1853)

蠕鳗科 Echelidae	虫鳗属 *Muraenichthys* Bleeker, 1857

英 文 名：snake eel。

地 方 名：粉鳍。

主要特征：体前部近圆筒形，尾部侧扁。头较小。体裸露无鳞，皮肤光滑。侧线孔明显。背鳍起点在头部远后方。体呈茶黄色，背部有细小黑斑点，腹部浅色。

生活习性：暖水性底层小型鱼类，栖息在沙底及水的表层。

主要分布：琼海博鳌。

种群数量：常见。

渔业利用：经济鱼类。

鳗鲡目 Anguilliformes

14. 马拉邦虫鳗 mǎlābāngchóngmán

Muraenichthys thompsoni Jordan & Richardson, 1908

蠕鳗科 Echelidae	虫鳗属 *Muraenichthys* Bleeker, 1857

英 文 名：thompson's snake eel。

地 方 名：粉鳝。

主要特征：体延长，较侧扁。眼小，口较大。体光滑无鳞。无胸鳍，背鳍、臀鳍和尾鳍相连，无缺刻。体背侧黄褐色，背部色较深，腹部白色。

生活习性：暖水性底层小型鱼类，栖息于沿岸滩涂处，有时进入河口咸淡水处。

主要分布：琼海博鳌。

种群数量：常见。

渔业利用：经济鱼类。

15. 中华须鳗 zhōnghuáxūmán

Cirrhimuraena chinensis Kaup, 1856

蛇鳗科 Ophichthyidae   须鳗属 *Cirrhimuraena* Kaup, 1856

英 文 名：snake eel。

地 方 名：粉鳝。

主要特征：体细长，前端圆筒形，尾端尖。头短而尖突，头背显著隆起。上颌略突出，上颌边缘具皮瓣。体光滑无鳞。侧线明显。无尾鳍，尾端尖突。体黄褐色，体侧淡黄褐色，腹部乳白色，各鳍淡黄色。

生活习性：暖温性底层小型鱼类，穴居性，善用尾尖钻穴；以贝类、虾蛄等底栖动物为食。

主要分布：琼海博鳌。

种群数量：常见。

渔业利用：经济鱼类。

16. 杂食豆齿鳗 záshídòuchǐmán

Pisodonophis boro (Hamilton, 1822)

蛇鳗科 Ophichthyidae　　　　　　　　　豆齿鳗属 *Pisodonophis* Kaup, 1856

英 文 名：snake eel。

地 方 名：土龙。

主要特征：体细长呈柱形，尾部稍侧扁。口大裂长，平直。上颌稍长于下颌。无尾鳍，尾端尖锐。背鳍起点在胸鳍后方。体背侧灰黄褐色，腹侧淡黄色。

生活习性：暖水性底层鱼类，喜藏身于泥质底中；以贝类及甲壳类为食。

主要分布：琼海博鳌。

种群数量：少见。

渔业利用：经济鱼类。

17. 食蟹豆齿鳗 shíxièdòuchǐmán

***Pisodonophis cancrivorus* (Richardson, 1848)**

蛇鳗科 Ophichthyidae　　　　　　　　豆齿鳗属 *Pisodonophis* Kaup, 1856

鳗鲡目 Anguilliformes

英　文　名：longfin snake-eel。

地　方　名：土龙。

主要特征：体细长呈柱形，体尾部稍侧扁。吻短稍尖；上唇缘具两个肉质突起。口裂超过眼后方；上颌比下颌长。背鳍起点在胸鳍中央上方或稍前；胸鳍灰黑或淡褐色；无尾鳍，尾端裸露尖硬，且背、臀鳍不相连，止于尾端稍前方，但鳍条于后半部略为上扬。体色多为灰褐色至黄褐色之间，腹部较为淡黄；背、臀鳍带有黑缘。

生活习性：暖水性底层鱼类，喜藏身于泥质底中；以贝类及甲壳类为食。

主要分布：琼海博鳌。

种群数量：偶见。

渔业利用：经济鱼类。

18. 南方波鱼 nánfāngbōyú

Rasbora steineri Nichols & Pope, 1927

| 鲤科 Cyprinidae | 波鱼属 *Rasbora* Bleeker, 1859 |

英 文 名：Chinese rasbora。

地 方 名：杂龙他。

主要特征：背鳍3-7；臀鳍3-5；胸鳍1-8。体延长，侧扁。眼大。无须。体被中等大的圆鳞。头背和体背侧浅灰色，腹部银白色。从头后部沿体背部中央到尾鳍基点有1条暗色纵带。

生活习性：喜欢生活在清澈水体中。

主要分布：琼中和平，琼海会山、石壁等地。

种群数量：常见。

鲤形目 Cypriniformes

19. 海南异鱲 hǎinányìliè

Parazacco fasciatus (Koller, 1927)

鲤科 Cyprinidae　　　　　　　　　　　异鱲属 *Parazacco* Chen, 1982

地 方 名：杂么翻。

主要特征：背鳍3-7；臀鳍3-11~12；胸鳍1-11~12；腹鳍1-7。头尖，侧扁。眼中
等大。口斜裂。上、下颌边缘波曲，无凹凸相陷。体侧棕黑带银绿色。
体侧从头到尾鳍有1条墨绿色纵带。尾鳍基有1个大斑。雄鱼性成熟期
呈棕色。

生活习性：生活在清澈的溪流中；肉食性。

主要分布：琼中和平，琼海石壁等地。

种群数量：常见。

20. 海南马口鱼 hǎinánmǎkǒuyú

Opsariichthys hainanensis Nichols & Pope, 1927

鲤科 Cyprinidae   马口鱼属 *Opsariichthys* Bleeker, 1863

地 方 名： 大嘴鱼。

主要特征： 背鳍2-7；臀鳍3-8~9；胸鳍1-13~14；腹鳍1-8。头长通常大于体高。口向上倾斜。下颌前端稍突出，上下颌边缘呈波曲状，凹凸相陷。体背侧灰黑带红色，体侧下半部及腹部银白色，两侧有浅蓝色狭横纹。各鳍为橙黄色。

生活习性： 栖息于水域上层，喜低温的水流；为凶猛肉食性鱼类。

主要分布： 琼中中平、和平，琼海嘉积、石壁等地。

种群数量： 常见。

21. 黄臀唐鱼 huángtúntángyú

Tanichthys flavianalis **Li, Liao & Shen, 2022**

鲤科 **Cyprinidae**　　　　　　　　　　　　唐鱼属 *Tanichthys* **Lin, 1932**

英 文 名：yellow anal-fin minnow。

地 方 名：红尾鱼。

主要特征：背鳍2-6；臀鳍3-8；胸鳍1-17～18；腹鳍1-6。体细小，稍侧扁，背部微隆起，腹部圆，无腹棱。头中等大。口小，下颌稍突出。鳞片中等大。侧线不显著。体两侧从鳃孔上角到尾柄基部各有1根金黄色条纹。体两侧上半部和条纹之下有许多黑色的线条。尾柄的基部有红色大圆点。背鳍和尾鳍基部有许多带红色的小斑点。

生活习性：栖息在山区清澈的溪流微流水环境中；杂食性小型鱼类，主要以浮游动物和腐殖质为食。

主要分布：琼海会山。

种群数量：极少。

22. 拟细鲫 nǐxìjì

Aphyocypris normalis Nichols & Pope, 1927

鲤科 Cyprinidae　　　　　　　　　　拟细鲫属 *Aphyocypris* Günther, 1868

鲤形目 Cypriniformes

英 文 名：normalisve nusfish。

主要特征：背鳍3-7；臀鳍3-7；胸鳍1-13；腹鳍1-7。头宽，前端圆。体被中等大的圆鳞。侧线完全。体背侧呈黑色，腹部银白色。背部及体侧各鳞片的后缘有新月形黑色斑纹。

生活习性：杂食性小型鱼类，喜静缓水，多见于溪流、冷泉。

主要分布：琼中黎母山，琼海会山等地。

种群数量：常见。

024 | 万泉河流域鱼类图鉴

23. 施氏高体鲃 shīshìgāotǐbā

Barbonymus schwanenfeldii (Bleeker, 1854)

鲤科 Cyprinidae　　　　　　　　　高体鲃属 *Barbonymus* Kottelat, 1999

英 文 名: tinfoil barb。

地 方 名: 泰国鲫。

主要特征: 背鳍3-8；臀鳍3-5。体背部陡斜隆起，近圆形。侧线完全。体被较大的圆鳞。体银白色，背部较深，腹部银白，背鳍前部黑色，背鳍后部、腹鳍、臀鳍均为鲜红色，尾鳍上下两翼为黑色，其余部分也为鲜红色。

生活习性: 主要栖息于河流较深潭区、沟渠及池沼中。杂食性，以水生昆虫、水生植物、藻类、小鱼及小虾等为食。

主要分布: 琼海石壁、万泉。

种群数量: 罕见。

外来鱼类

24. 青鱼 qīngyú

Mylopharyngodon piceus (Richardson, 1846)

鲤科 **Cyprinidae**　　　　　　　　　　青鱼属 *Mylopharyngodon* **Peters, 1880**

英 文 名：black carp。

地 方 名：黑草。

主要特征：背鳍3-7；臀鳍3-8；胸鳍1-16；腹鳍1-8。体延长，前部近圆筒形，后部侧扁。腹部圆，无棱肉。头稍侧扁，头顶颇宽。上颌略突出。各鳍均无硬棘。侧线完全。体被较大的圆鳞。体青黑色，背部较深，腹部灰白，各鳍均黑色。

生活习性：中下层鱼类；食物以螺蛳、蚌、蚬、蛤等为主，鱼苗阶段，则主要以浮游动物为食。

主要分布：琼中湾岭，琼海会山等地。

种群数量：常见。

渔业利用：可养殖鱼类。

外来鱼类

25. 草鱼 cǎoyú

Ctenopharyngodon idella (Valenciennes, 1844)

鲤科 Cyprinidae　　　　　　　草鱼属 *Ctenopharyngodon* Steindachner, 1866

英 文 名：grass carp。

主要特征：背鳍3-7；臀鳍3-8；胸鳍1-16~17；腹鳍1-8。体延长，前部近圆筒形，后部侧扁。腹部圆，无棱肉。无须。体被中等大的圆鳞。侧线几乎完全平直。体背青褐色，体侧、腹部银白色。

生活习性：栖息于平原地区的江河湖泊，一般喜居于水的中下层和近岸多水草水域；以水草等植物性饵料为食，典型的草食性鱼类。

主要分布：琼中湾岭，琼海会山等地。

种群数量：常见。

渔业利用：经济鱼类，养殖、增殖鱼类。

鲤形目 Cypriniformes

外来鱼类

26. 蒙古鲌 měnggǔbó

Culter mongolicus Basilewsky, 1855

鲤科 Cyprinidae | 鲌属 *Culter* Basilewsky, 1855

英 文 名：mongolian redfin。

地 方 名：红尾。

主要特征：背鳍III-7；臀鳍3-20~21；胸鳍1-15~16；腹鳍1-8；尾鳍23。体长形，侧扁，在腹鳍基部至肛门之间具腹棱。头部锥形。口斜裂，下颌略长。背鳍末根硬刺后缘光滑。体背青灰色，腹部银白色。背鳍灰色，臀鳍、胸鳍、腹鳍淡黄色，尾鳍上叶灰色，下叶橘红色。

生活习性：江河、湖泊中上层鱼类；主要摄食小鱼和虾。

主要分布：琼海嘉积、万泉等地。

种群数量：少见。

渔业利用：经济鱼类。

27. 红鳍鲌 hóngqíbó

Culter erythropterus **Basilewsky, 1855**

鲤科 Cyprinidae　　　　　　　　　　　　　　　　　**鲌属 *Culter* Basilewsky, 1855**

鲤形目 Cypriniformes

英　文　名：predatory carp。

地　方　名：翘嘴。

主要特征：背鳍3-7；臀鳍3-25~27；胸鳍1-13~14；腹鳍1-8。体延长而侧扁，背部明显隆起，腹缘浅弧形，胸鳍基部至肛门有完全之腹棱。头小而侧扁。口上位。下颌显著地突出向上翘。尾鳍下叶稍长。体背侧灰色，侧线以下体侧和腹面白色；体侧上半部的每个鳞片后缘有黑色小点。各鳍为淡灰色。

生活习性：栖息于江河缓流区；为肉食性鱼类，幼鱼以水生无脊椎动物及小鱼为食，成鱼则以小鱼为主食，偶尔也摄食无脊椎动物；卵黏性。

主要分布：琼中和平，琼海嘉积等地。

种群数量：常见。

渔业利用：经济鱼类。

28. 海南鲌 hǎinánbó

Culter recurviceps (Richardson, 1846)

| 鲤科 Cyprinidae | 鲌属 *Culter* Basilewsky, 1855 |

地 方 名：翘嘴。

主要特征：背鳍III-7；臀鳍3-23~26；胸鳍1-14~17；腹鳍1-8；尾鳍26~28。头后背部隆起，在腹鳍基部至肛门之间具腹棱。头锥形。口上位。下颌明显突出、上翘。背鳍最后硬刺后缘光滑。侧线中位，稍下弯。体背灰色，腹部银白色。

生活习性：栖息于江河的鱼类；以掠捕鱼、虾为食。

主要分布：琼中和平，琼海嘉积等地。

种群数量：少见。

渔业利用：经济鱼类。

29. 海南拟鱼餐 hǎinánnǐcān

Pseudohemiculter hainanensis (Boulenger, 1900)

鲤科 Cyprinidae　　　　　拟鱼餐属 *Pseudohemiculter* Nichols & Pope, 1927

地 方 名：白条。

主要特征：背鳍II-7；臀鳍3-13~14；胸鳍1-13；腹鳍1-8；尾鳍18。体较低，侧扁，在腹鳍至肛门之间有腹棱。口中等斜裂。上颌中央具浅缺刻，下颌中央具一突起与上颌缺刻相吻合。侧线在胸鳍下方显著下斜。背鳍末根硬刺。体背暗灰色，腹部银白色，尾鳍灰黑色，其余各鳍淡灰色。

生活习性：喜集群于江河岸边浅滩处；摄食水生昆虫、小虾、植物碎屑等。

主要分布：琼中乌石，琼海会山等地。

种群数量：常见。

渔业利用：小型经济鱼类。

30. 三角鲂 sānjiǎofáng

Megalobrama terminalis **(Richardson, 1846)**

鲤科 Cyprinidae	鲂属 *Megalobrama* Dybowsky, 1827

英 文 名：black amur bream。

地 方 名：边鱼。

主要特征：背鳍III-7；臀鳍3-26；胸鳍1-13~14；腹鳍1-8；尾鳍28~29。头后背部显著隆起。吻短。口小。腹面自腹鳍起点至肛门间有 1 个肉棱。上、下颌有角质缘。体被小圆鳞，鳞片边缘有密集黑点。侧线微下弯，沿体侧中部伸达尾柄基部。背鳍最后硬刺粗大光滑。尾鳍下叶稍长。体背灰黑色，腹部银白色。

生活习性：中下层洄游鱼类，栖息于静水和流水水域，在江河或湖泊中都能生长繁殖。

主要分布：琼海嘉积、石壁。

种群数量：常见。

渔业利用：经济鱼类。

31. 海南华鳊 hǎinánhuábiān

Sinibrama affinis (Vaillant, 1892)

| 鲤科 Cyprinidae | 华鳊属 *Sinibrama* Wu, 1939 |

地方名：大眼仔。

主要特征：背鳍III-7；臀鳍3-19~21；胸鳍1-14；腹鳍1-8；尾鳍29~30。体菱形。头背面浅弧形。眼大且突出。口小斜裂。上颌骨后端伸达鼻孔前缘下方。唇较厚，下唇褶不相连。侧线浅弧形，在体侧下半部，后部行于尾柄中央。体背灰色，腹部白色。背鳍和尾鳍黑色，其余各鳍淡白色。臀鳍位于背鳍基部的后下方。

生活习性：杂食性，多以高等植物碎屑和水生昆虫为食。

主要分布：琼海石壁、琼中乌石等。

种群数量：常见。

渔业利用：经济鱼类。

鲤形目 Cypriniformes

32. 海南鲌 hǎináncān

Hainania serrata **Koller, 1927**

| 鲤科 Cyprinidae | 海南鲌属 *Hainania* **Koller, 1927** |

地 方 名：尖嘴，镰刀。

主要特征：背鳍II-7；臀鳍3-13~26；胸鳍1-4；腹鳍1-8。体长形，自腹鳍基部至肛门具腹棱。眼上侧位。口较大，斜裂。背鳍末根硬棘粗大，后缘有细弱锯状齿。体背灰黑色，体侧及腹部银白色。

生活习性：群栖于水体上层的鱼类，杂食性。

主要分布：琼中和平，琼海嘉积、石壁等地。

种群数量：少见。

濒危状况：中国脊椎动物红色名录濒危物种。

33. 线纹梅氏鳊 xiànwénméishìbiān

Metzia lineata (Pellegrin, 1907)

鲤科 Cyprinidae	梅氏鳊属 *Metzia* Jordan & Thompson, 1914

英 文 名：lined small-bream。

主要特征：背鳍2-7；臀鳍3-14~17；胸鳍1-13；腹鳍1-6~7；尾鳍27~29。体延长，侧扁，体背缘弧形。口中等大。侧线完全，具侧线鳞36~48枚。体被中等大的圆鳞。体背灰黑色，腹部银白色，体侧上半部灰色。体侧鳞片基部有小黑点，各鳍浅灰色。

生活习性：生活于水体上层鱼类；杂食性。

主要分布：琼海会山。

种群数量：少见。

34. 台湾梅氏鳊 táiwānméishìbiān

Metzia formosae (Oshima, 1920)

| 鲤科 Cyprinidae | 梅氏鳊属 *Metzia* Jordan & Thompson, 1914 |

英 文 名：Taiwan lesser-bream。

主要特征：背鳍2-8；臀鳍2-14；胸鳍1-7。体延长，颇侧扁。自腹鳍基部至肛门具有一明显的肉棱。头小，吻短。眼小，眼间距宽而稍圆钝。口稍上前，斜裂，上颌末缘延伸至鼻孔中点的正下方。体被中大型的圆鳞；侧线完全，各鳍均无硬棘。体呈银白色，背部灰色。体侧中央有1条灰黑色的纵带。体侧每个鳞片的基部具有小黑点。

生活习性：栖息于湖沼的中上层水域，尤其是透明度较低之水域，喜藏身于水生植物繁生处；杂食性。

主要分布：琼海会山。

种群数量：少见。

濒危状况：中国脊椎动物红色名录易危物种。

王裕旭 摄

35. 海南似鲚 hǎinánsìjiǎo

Toxabramis houdemeri Pellegrin, 1932

鲤科 Cyprinidae 　　　　　　　　　　　　　　　似鲚属 *Toxabramis* Günther, 1873

鲤形目 Cypriniformes

地 方 名：白条。

主要特征：背鳍II-7；臀鳍3-13～15；胸鳍1-12；腹鳍1-7。头背略斜，上颌骨后端伸达眼前缘下方。侧线完全，具有侧线鳞55枚以下。体银白色，体侧有1条灰色纵带。背鳍和尾鳍灰色，其余各鳍无色。

生活习性：栖息于水体中上层鱼类；杂食性。

主要分布：琼中湾岭，琼海嘉积等地。

种群数量：常见。

渔业利用：经济鱼类。

36. 鳘 cān

Hemiculter leucisculus (Basilewsky, 1855)

| 鲤科 Cyprinidae | 鳘属 *Hemiculter* Bleeker, 1859 |

鲤形目 Cypriniformes

英 文 名：sharpbelly。

地 方 名：尖嘴、镰刀、白条。

主要特征：背鳍Ⅲ-7；臀鳍3-11~13；胸鳍1-13；腹鳍1-7；尾鳍19~20。体背缘较平直。头尖长，略呈三角形。眼中等大。背鳍有后缘光滑的硬刺。体背侧青灰色，腹面银白色，尾鳍边缘灰黑色，其余各鳍浅黄色。

生活习性：群栖于水域的上层鱼类；主要摄食藻类、高等植物碎屑、甲壳动物和水生昆虫等；卵黏性。

主要分布：万泉河水系均有分布。

种群数量：常见。

渔业利用：经济鱼类。

038 | 万泉河流域鱼类图鉴

37. 黄尾鲴 huángwěigù

Xenocypris davidi Bleeker, 1871

鲤科 Cyprinidae　　　　　　　　　　　鲴属 *Xenocypris* Günther, 1868

英文名：yellow fin。

地方名：黄尾。

主要特征：背鳍Ⅲ-7；臀鳍3-9~11；胸鳍1-14~16；腹鳍1-8~9。体较长，侧扁。口下位，略呈弧形。下颌前缘有薄的角质层。侧线完全，侧线的前段弯曲，后段延伸至尾柄正中，肛门前有1个不明显的腹棱。体银白色，背部灰黑色。尾鳍橘黄色。

生活习性：水域中下层鱼类；主要摄食有机碎屑和硅藻。

主要分布：琼中和平，琼海嘉积等地。

种群数量：常见。

渔业利用：经济鱼类。

鲤形目 Cypriniformes

38. 银鮈 yíngù

Xenocypris macrolepis Bleeker, 1871

鲤科 Cyprinidae | **鮈属 *Xenocypris* Günther, 1868**

英 文 名：silver nase。

地 方 名：白尾。

主要特征：背鳍III-7；臀鳍3-9；胸鳍1-14~15；腹鳍1-8。体延长，侧扁。口小。上、下颌有尖锐角质边缘。侧线完全，侧线的前段弯曲，后段延伸至尾柄正中，肛门前有1个不明显的腹棱。背鳍硬刺后缘无锯齿。背部灰黑色，体侧下部和腹部银白色。背鳍、尾鳍深灰色。

生活习性：江河中下层鱼类；主要摄食高等植物的残屑及硅藻类、蓝藻类、丝藻类、水生昆虫和浮游动物等。

主要分布：琼中和平，琼海嘉积等地。

种群数量：偶见。

渔业利用：经济鱼类。

符海新 摄

39. 高体鳑鲏 gāotǐpāngpí

Rhodeus ocellatus **(Kner, 1866)**

鲤科 Cyprinidae 　　　　　　　　　　　　　　　鳑鲏属 *Rhodeus* **Agassiz, 1832**

英 文 名：rose bitterling。

主要特征：背鳍2-9~12；臀鳍2-10~11；胸鳍1-9~11；腹鳍1-6。体高略呈卵圆
　　　　　形。体被圆鳞，体侧上部鳞片的后缘有密集的小黑点。侧线不完全。背
　　　　　鳍和臀鳍的最后不分枝鳍条基部较硬，末端柔软。腹鳍不分枝鳍条具有
　　　　　乳白色。体背暗绿，腹部色浅。

生活习性：栖息于我国南方各省的湖泊、池塘以及河湾水流缓慢的浅水区；食物以
　　　　　藻类为主，兼食水底碎屑。

主要分布：琼中湾岭，琼海会山等地。

种群数量：常见。

40. 刺鳍鳑鲏 cìqípāngpí

Rhodeus spinalis **Oshima, 1926**

鲤科 Cyprinidae	**鳑鲏属 *Rhodeus* Agassiz, 1832**

英 文 名：spinose bitterling。

主要特征：背鳍 II-11~12；臀鳍 II-13~15；胸鳍 1-12~13；腹鳍 1-8。体长卵圆形。吻短而钝。眼中等大，眼眶前上角有 1 个低而钝的突起。下颌稍短，前端圆形。体被圆鳞。侧线不完全。背鳍和臀鳍有硬刺不分枝鳍条。体上侧每枚鳞片后缘黑色，体侧后半部中轴有 1 条黑色纵带。

生活习性：栖息于湖泊、池塘以及河湾水流缓慢的浅水区；食物以藻类为主，兼食水底碎屑。

主要分布：琼中和平，琼海会山等地。

种群数量：少见。

41. 大鳍鱊 dàqíyù

Acheilognathus macropterus (Bleeker, 1871)

鲤科 Cyprinidae | **鱊属 *Acheilognathus* Bleeker, 1859**

英 文 名：largefin bitterling。

主要特征：背鳍II-15~17；臀鳍II-12~13；胸鳍1-13~15；腹鳍1-7。体卵圆形。口前下位。有1对短的上颌须，下颌稍短于上颌。侧线完全。体被圆鳞。体背部暗绿色或黄灰色，体侧银白色，尾柄中线有1根黑色纵纹。

生活习性：栖息于湖泊、池塘以及河湾水流缓慢的浅水区；食物以藻类为主，兼食水底碎屑。

主要分布：琼中和平，琼海会山等地。

种群数量：常见。

42. 条纹小鲃 tiáowénxiǎobā

Puntius semifasciolatus (Günther, 1868)

鲤科 Cyprinidae | **小鲃属 *Puntius* Hamilton, 1822**

鲤形目 Cypriniformes

英 文 名：largefin bitterling。

地 方 名：花鸟。

主要特征：背鳍IV-8；臀鳍3-5；胸鳍1-11~13；腹鳍1-7。体小且侧扁。口前位。下颌须通常为1对，无上颌须。鳞大。背鳍末根不分枝鳍条为硬刺，后缘有细的锯齿。背部灰黑色，腹部灰白，体侧灰色，通常有4根垂直褐条及数个褐斑。

生活习性：杂食性，主要以水生昆虫、植物碎屑等为食。

主要分布：琼中乌石，琼海会山等地。

种群数量：常见。

43. 光倒刺鲃 guāngdǎocìbā

Spinibarbus hollandi Oshima, 1919

鲤科 Cyprinidae 　　　　　　　　　倒刺鲃属 *Spinibarbus* Oshima, 1919

英　文　名：longbody flatespined barbel。

地　方　名：君鱼、军鱼。

主要特征：背鳍Ⅳ-9；臀鳍3-5；胸鳍1-15；腹鳍1-8。体前部为圆筒形。口近下位。上颌稍突出，下颌须比上颌须稍长。鳞大。背鳍前方有1根平卧的倒刺。体背部青黑色，腹部灰白，体侧上部浅灰而下部带浅黄色。

生活习性：一般栖息于底质多乱石而水流较湍急的江河中下层，尤喜生活在清澈的水域中；杂食性，主要以小鱼、浮游动物、水生昆虫和有机碎屑等为食；4—5月间在水流缓慢、水草较多处产黏性卵。

主要分布：琼中和平、乌石等。

种群数量：常见。

渔业利用：经济鱼类，可养殖、增殖。

44. 锯齿倒刺鲃 jùchǐdǎocìbā

Spinibarbus denticulatus (Oshima, 1926)

鲤科 Cyprinidae 　　　　　　　　　　　倒刺鲃属 *Spinibarbus* Oshima, 1919

英 文 名：Holland's spinibab。

地 方 名：竹包、青竹鲤。

主要特征：背鳍IV-9；臀鳍3-5；胸鳍1-15；腹鳍1-9。体长，稍侧扁，口前位。鳞大。背鳍有硬刺，前方有1根平卧硬刺，末根不分枝鳍条后缘有锯状小齿。体侧深绿带灰，腹面灰白。

生活习性：栖息于流水中，主食植物性碎屑及丝状藻类；生殖季节为4—6月，产漂浮性卵。

主要分布：琼中和平、湾岭。

种群数量：少见。

渔业利用：经济鱼类，可养殖、增殖。

鲤形目 Cypriniformes

45. 虹彩光唇鱼 hóngcǎiguāngchúnyú

***Acrossocheilus iridescens* (Nichols & Pope, 1927)**

鲤科 **Cyprinidae**　　　　　　　　　　　光唇鱼属 *Acrossocheilus* Oshima, 1919

英 文 名：iridescens chiselmouth。

主要特征：背鳍Ⅳ-8；臀鳍3-5；胸鳍1-15~16；腹鳍1-8。体侧扁。吻突出。口下位。须2对。鳞中等大。背鳍末根不分枝鳍条后缘有发达的锯状齿。尾鳍深分叉，棕褐色。体侧有4~5根粗大的深褐色的横纹。

生活习性：栖息于石砾底质、水质清澈的溪流中；以着生藻类和水草为主食。

主要分布：琼中和平、乌石。

种群数量：罕见。

濒危状况：中国脊椎动物红色名录易危物种。

46. 细尾白甲鱼 xìwěibáijiǎyú

Onychostoma lepturum (Boulenger, 1900)

| 鲤科 Cyprinidae | 白甲鱼属 *Onychostoma* Günther, 1896 |

英 文 名：slendertail shoveljaw fish。

地 方 名：石鲮。

主要特征：背鳍4-8；臀鳍3-5，胸鳍1-15；腹鳍1-8。体侧扁，呈纺锤形。无须。鳞片中等大。背鳍最后不分枝鳍条不成硬刺。背部灰绿色，体侧中央有1条黑色纵带，在生殖季节时则显示鲜明的橘红色。

生活习性：喜欢在水流急的水体中生活；刮取附着于岩石上的固着藻类为食。

主要分布：琼中和平、中平，琼海会山等地。

种群数量：常见。

47. 鲮 líng

Cirrhinus molitorella (Valeciennes, 1844)

鲤科 Cyprinidae | **鲮属 *Cirrhinus* Cuvier, 1817**

英 文 名：mud carp。

地 方 名：土鲮。

主要特征：背鳍4-12；臀鳍3-5；胸鳍1-15；腹鳍1-8。体侧扁而长。须2对。鳞片中等大。体银白色，体背色较深，腹部为灰白色。体侧鳞片基部有三角形浅绿色斑点。胸鳍上方有菱形的蓝色斑块鳞片。

生活习性：以有机碎屑、藻类和植物碎片为主要食物，也兼食水生无脊椎动物，摄食强度冬季较高，夏季较低；繁殖季节主要在5—6月。

主要分布：琼中和平，琼海嘉积、石壁等地。

种群数量：常见。

渔业利用：经济鱼类，可养殖、增殖。

48. 麦瑞加拉鲮 màiruìjiālālíng

Cirrhinus mrigala（Hamilton, 1822）

鲤科 Cyprinidae　　　　　　　　　　　　　　　　　**鲮属 *Cirrhinus* Cuvier, 1817**

鲤形目 Cypriniformes

英 文 名：mrigalcarp。

地 方 名：麦鲮。

主要特征：体延长，侧扁。单对短吻须。背鳍末根不分枝鳍条柔软，无锯齿。背部通常为深灰色，腹部银色。背鳍灰色，胸、腹、臀鳍尖端为橘黄色。

生活习性：幼鱼时在水体表层活动，成鱼营底栖生活；杂食性，主要食物是植物碎屑、浮游生物等。

主要分布：琼海嘉积。

种群数量：少见。

渔业利用：经济鱼类。

外来鱼类

49. 暗花纹唇鱼 ànhuāwénchúnyú

Osteochilus salsburyi Nichols & Pope, 1927

鲤科 Cyprinidae　　　　　　　　　　　　　　　纹唇鱼属 *Osteochilus* Günther, 1868

鲤形目 Cypriniformes

英 文 名：laterstriped bonelipfish。

地 方 名：杂墨、苦仔。

主要特征：背鳍4-11；臀鳍3-5；胸鳍1-12~13；腹鳍1-8。体肩部显著隆起。吻尖。上、下唇均脱离上、下颌。上唇厚，且向外翻，表面有整齐的肋状突起。须2对，均不发达。鳞片中等大。侧线平直。背鳍后缘微内凹，胸鳍末端圆，尾鳍深叉。

生活习性：喜居小河溪流，也可在静水中生活；杂食性。

主要分布：琼中和平，琼海万泉等地。

种群数量：常见。

50. 东方墨头鱼 dōngfāngmòtóuyú

Garra orientalis Nichols, 1925

鲤科 Cyprinidae　　　　　　　　　　墨头鱼属 *Garra* Hamilton, 1822

英 文 名：oriental sucking barb。

地 方 名：马鼻鱼、缺鼻鱼。

主要特征：背鳍4-8；臀鳍3-5；胸鳍1-15；腹鳍1-8。体延长，前部半椭圆柱形。眼较小。鼻孔前常出现下塌的部分，表皮布满角质的"珠星"。须2对。鳞片中等大。体棕黑色，腹部灰白色，体侧鳞片上有小黑点，连成数根黑色纵纹。

生活习性：栖息于江河、山涧水流湍急的环境中，以其碟状吸盘吸附于岩石上，营底栖生活；食物中多为着生藻类。

主要分布：琼中和平，琼海石壁、嘉积等地。

种群数量：常见。

51. 间鳠 jiànhuá

***Hemibarbus medius* Yue, 1995**

鲤科 Cyprinidae **鳠属 *Hemibarbus* Bleeker, 1860**

地 方 名：唇鳠。

主要特征：背鳍3-7；臀鳍3-6；胸鳍1-18~19；腹鳍1-8；尾鳍23~26。体背部隆起。眼较大。上颌突出，上、下颌无角质边缘。上颌须长。唇稍薄，不甚发达，下唇侧叶稍狭窄，无皱褶，中央三角形小突较明显。体被中等大的圆鳞，体背青灰带黄色，腹部白色，侧线上方常有数条纵列黑色大斑。

生活习性：底栖鱼类，栖息于水流湍急的河流或水体中，幼鱼常生活在水流平稳的水域；主要摄食底栖昆虫幼虫、软体动物、小鱼小虾及浮游动植物，夜间觅食；沉性卵。

主要分布：琼中和平，琼海嘉积等地。

种群数量：常见。

渔业利用：经济鱼类。

52. 海南黑鳍鳈 hǎinánhēiqíquán

Sarcocheilichthys hainanensis **Nichols & Pope, 1927**

鲤科 Cyprinidae 　　　　　　　　　　　鳈属 *Sarcocheilichthys* **Bleeker, 1859**

英 文 名：blackfin fat minnow。

地 方 名：桃花鱼。

主要特征：背鳍3-7；臀鳍3-6；胸鳍1-15～16；腹鳍1-7～8；尾鳍19。体稍侧扁。吻较突出。上颌须退化或消失。体被中等大圆鳞。背鳍无硬刺。体背侧黑褐色，腹部灰白色。体侧中部散布不规则的黑斑，鳃孔后方有1根垂直的深黑色斑条。背鳍上缘和前部鳍条灰黑色。

生活习性：栖息于水质澄清的流水或静水中；喜食底栖无脊椎动物和水生昆虫，亦食少量甲壳类、贝壳类、藻类及植物碎屑。

种群数量：罕见。

主要分布：琼海会山。

种群数量：偶见。

53. 银鮈 yínjū

Squalidus argentatus (Sauvage & Dabry de Thiersant, 1874)

鲤科 Cyprinidae   银鮈属 *Squalidus* Dybowski, 1872

英 文 名：silver gudgeon。

主要特征：背鳍3-7；臀鳍3-6；胸鳍1-14；腹鳍1-7~9；尾鳍19。体细长，后部侧扁，腹部圆。口斜裂，上颌长于下颌；口角须较长。吻短而钝。体被中型圆鳞；侧线完全而平直。体背侧灰白色，体背部散布细小灰黑色斑，腹侧灰白色至鲜黄色；体侧在侧线上方有一金黄色纵带，纵带上有灰黑色斑点散在；每个侧线鳞上另具有1个短横斑；尾鳍基部灰黑色，鳍膜无任何斑点。各鳍透明，亦无任何斑点。

生活习性：主要以底栖水生昆虫及有机碎屑为食。

主要分布：琼中和平，琼海嘉积等地。

种群数量：偶见。

鲤形目 Cypriniformes

54. 点纹银鮈 diǎnwényínjū

Squalidus wolterstorffi (Regan, 1908)

鲤科 **Cyprinidae**　　　　　　　　　　银鮈属 *Squalidus* Dybowski, 1872

英 文 名：dottedline gudgeon。

主要特征：背鳍3-7；臀鳍3-6；胸鳍1-13~15；腹鳍1-7~8；尾鳍19。体侧扁稍高。口近下位，弧形。上颌稍突出，长于下颌。口角有细长的上颌须1对。侧线完全，平直，侧线鳞33~35枚。体被较大的圆鳞。体灰褐色，体侧具有1条黑色纵带，上具大小黑斑。每个侧线鳞上具"八"形黑斑，向后渐不明显。

生活习性：中下层小型鱼类。

主要分布：琼中和平，琼海嘉积等地。

种群数量：少见。

55. 嘉积小鳔鮈 jiājīxiǎobiāojū

Microphysogobio kachekensis (Oshima, 1926)

鲤科 Cyprinidae　　　　　　　　　小鳔鮈属 *Microphysogobio* Mori, 1933

地　方　名：杂卧。

主要特征：背鳍3-7；臀鳍3-6；胸鳍1-13；腹鳍1-7；尾鳍25~26。体低而长。口裂深弧形。唇发达，上、下唇均有乳突。下唇褶中叶为1对椭圆形肉质突起，两侧叶明显，在口角与上唇相连。体灰褐色，腹部白色，体背侧杂布许多黑色的斑块或斑点。

生活习性：喜欢生活在水流较急，有砾石或砂石底的小河。

主要分布：琼中和平，琼海嘉积等地。

种群数量：常见。

鲤形目 Cypriniformes

56. 似鮈sìjū

Pseudogobio vaillanti (Sauvage, 1878)

| 鲤科 Cyprinidae | 似鮈属 *Pseudogobio* Bleeker, 1860 |

鲤形目 Cypriniformes

主要特征：背鳍3-7；臀鳍3-6；胸鳍1-13～14；腹鳍1-7；尾鳍19。体近圆筒形。头长而扁。吻突出。颌须较粗大。体褐黄色，腹部浅棕色。体背有5个大黑斑，体侧有6～7个不规则的黑色斑块。背鳍及尾鳍上有许多小黑斑。

生活习性：常栖息在江河中下层水体；杂食性鱼类，主要以水生昆虫和植物碎屑为食。

主要分布：琼海石壁。

种群数量：少见。

57. 尖鳍鲤 jiānqílǐ

Cyprinus acutidorsaulis **Wang, 1979**

鲤科 Cyprinidae　　　　　　　　　　　　　　　**鲤属 *Cyprinus* Linnaeus, 1758**

地 方 名：海鲤、靓鱼、靓仔。

主要特征：背鳍IV-15~18；臀鳍III-5；胸鳍1-14~15；腹鳍1-8；尾鳍20~21。体
　　　　　侧扁而高，菱形。口小，前位，斜裂。上颌比下颌稍突出。须2对。背
　　　　　鳍起点在腹鳍基部后方，有4根不分枝鳍条。胸鳍后端尖。头部及体背
　　　　　侧灰色，体侧灰白色。

生活习性：栖息于江河口，是鲤科鱼类中长期生活在我国南海少数河口咸淡水水域
　　　　　中的特有种类；杂食性，主食底栖生物。

主要分布：琼海博鳌。

种群数量：罕见。

58. 鲤 lǐ

Cyprinus carpio Linnaeus, 1758

鲤科 Cyprinidae   **鲤属 *Cyprinus* Linnaeus, 1758**

英 文 名：common carp。

地 方 名：杂灭、万泉河鲤。

主要特征：背鳍Ⅳ-15~18；臀鳍Ⅲ-5；胸鳍1-14~15；腹鳍1-8；尾鳍17。体侧扁而肥厚，背部稍隆起，腹部浅弧形。眼下缘水平线通过吻端。吻须1对，颌须1对。体被大圆鳞。头部及体背灰黑色，腹部银白色，体侧银白带金黄色。背鳍和尾鳍基部黑色，尾鳍下叶边缘淡红色。

生活习性：多栖息于松软的底层和水草丛生处；杂食性；卵黏性。

主要分布：琼中和平，琼海嘉积等地。

种群数量：常见。

渔业利用：经济鱼类。

59. 须鲫 xūjì

Carassioides acuminatus (Richardson, 1846)

英 文 名：canton carp。

地 方 名：河鲫、三角鲫。

主要特征：背鳍IV-18~20；臀鳍III-5；胸鳍1-15~16；腹鳍1-8。体背部陡斜隆起，呈菱形。吻须1对，颔须1对。背鳍上缘凹入，胸鳍后端圆，尾鳍深分叉。体背和头部灰黑色，体下侧和腹部银白色。鳃盖骨处有棕色的斑点。尾鳍边缘黑色。

生活习性：栖息于底质为淤泥的缓流或完全静止的水域中，平时多在水的中、下层活动摄食；杂食性，以藻类、浮游动物、水生昆虫的幼体以及腐烂的植物残屑为主要食物。

主要分布：琼中和平，琼海嘉积等地。

种群数量：常见。

渔业利用：经济鱼类。

鲤形目 Cypriniformes

60. 鲫 jì

Carassius auratus (Linnaeus, 1758)

| 鲤科 Cyprinidae | 鲫属 *Carassius* Jarocki, 1822 |

英 文 名：crucian carp。

地 方 名：田鲫、杂旦。

主要特征：背鳍IV-15~19；臀鳍III-5；胸鳍1-16~17；腹鳍1-8；尾鳍19。体稍延长，侧扁而高。口较小，斜裂。体被中等大的圆鳞。臀鳍最后不分枝鳍条粗，尾鳍分叉。头和体背侧灰黑色，体下侧和腹部银白色。鳃盖处有时有棕褐色的斑点。尾鳍后缘黑色，其余各鳍浅灰色。

生活习性：底栖性鱼类；杂食性；卵黏性。

主要分布：琼中和平，琼海嘉积等地。

种群数量：常见。

渔业利用：经济鱼类。

61. 黑点道森鲃 hēidiǎndàosēnbā

Dawkinsia filamentosa (Valenciennes, 1844)

鲤科 Cyprinidae　　　　　　　　　道森鲃属 *Dawkinsia* Pethiyagoda, 2012

英 文 名：blackspot barb。

地 方 名：两点鲫。

主要特征：体色呈银色中透柠檬绿。臀鳍上方侧面有1个黑斑。背鳍的前几枚鳍条延伸出一些丝条。尾鳍上下叶尖端为黑色斑块。

生活习性：栖息于江河中下层水体。杂食性，主要以水生昆虫、植物碎屑为食。

主要分布：琼海会山、朝阳等地。

种群数量：常见。

62. 花鲢 huālián

Hypophthalmichthys nobilis **(Richardson, 1845)**

鲤科 Cyprinidaee	鲢属 *Hypophthalmichthys* Bleeker, 1860

英 文 名：bighead carp。

地 方 名：鳙、大头鱼、崇鱼。

主要特征：背鳍3-7；臀鳍3-12~13；胸鳍1-17；腹鳍1-8；尾鳍19~20。体侧扁，较高，从腹部基部至肛门之间，具有腹棱。头极大，前部宽阔。体被较细小的圆鳞。体背灰黑色，腹侧灰白色，密布细黑斑，腹部银白色，各鳍淡灰色，有细黑斑。

生活习性：喜栖息于水体中上层；滤食性，幼鱼一般到沿江的湖泊和附属水体中生长，成鱼主要摄食浮游动物；卵漂浮性。

主要分布：万泉河水系均有分布。

种群数量：常见。

外来鱼类

63. 鲢 lián

Hypophthalmichthys molitrix (Valenciennes, 1844)

鲤科 Cyprinidae　　　　　　　　　　　**鲢属 *Hypophthalmichthys* Bleeker, 1860**

英 文 名：silver carp。

地 方 名：脯鱼。

主要特征：背鳍3-7；臀鳍3-13；胸鳍1-17；腹鳍1-8；尾鳍19。体延长，侧扁稍高，腹部狭窄，从胸鳍基部至肛门间有发达的腹棱。头颇大。吻宽短。体被较小圆鳞，体背侧灰黑色，腹部银白色。背鳍和尾鳍边缘稍黑，其余各鳍淡灰色。臀鳍起点在背鳍基部后下方，臀鳍分枝鳍条11~14根。

生活习性：栖息于水的中上层，平时栖息于水深的江河及沿江各附属水体内；滤食性，主要摄食浮游植物；产漂流性卵。

主要分布：万泉河水系均有分布。

种群数量：常见。

外来鱼类

64. 美丽小条鳅 měilìxiǎotiáoqiū

Micronemacheilus pulcher (Nichols & Pope, 1927)

条鳅科 Nemacheilidae　　　　小条鳅属 *Micronemacheilus* Rendahl, 1944

主要特征：背鳍3-10~11，臀鳍2-5，胸鳍1-9~13，腹鳍1-7。尾柄短而高，头锥形，吻长而稍尖，须较长，3对。体被明显的细小圆鳞，体背及体侧青灰色，腹部浅黄色，体侧沿侧线有1条边缘呈波纹状或由不规则的断续斑块组成的棕黑色纵带，尾鳍基部中央有1个明显的黑色斑块。

生活习性：底栖的小型淡水鱼类，栖息于底质为泥沙的近岸浅水区；摄食水生昆虫及植物碎屑。

主要分布：琼中和平，琼海会山等地。

种群数量：少见。

65. 横纹南鳅 héngwénnánqiū

Schistura fasciolata (Nichols & Pope, 1927)

条鳅科 Nemacheilidae　　　　　　　　　　　南鳅属 *Schistura* McClelland, 1838

鲤形目 Cypriniformes

英 文 名：crossbanded loach。

地 方 名：山胡鳅。

主要特征：背鳍3-8；臀鳍2-5；胸鳍1-8~10；腹鳍1-7。体前部略呈圆筒形。口弧形。须3对。背鳍前体鳞稀疏，后体密集。体灰黄色或灰绿色，腹部灰白色。体侧有数条至十数条黑色的横条纹。

生活习性：小型底层鱼类，多栖息于山涧石底或小溪；摄食水生昆虫、底栖无脊椎动物或石底的苔藓等。

主要分布：琼中黎母山，琼海会山等地。

种群数量：常见。

66. 中华花鳅 zhōnghuáhuāqiū

Cobitis sinensis Sauvage & Dabry de Thiersant, 1874

鲤形目 Cypriniformes

英 文 名：Chinese spined loach。

地 方 名：花鳅、花胡鳅。

主要特征：背鳍3-7；臀鳍2-5；胸鳍1-8~10；腹鳍1-6。体背较平直。吻尖长。须3对，较长。颊部无鳞。侧线仅存于体前半部。体浅黄色。头部及体侧中线上方有蠕形的棕褐色斑纹，沿体侧中线有十数个棕黑色大斑块。

生活习性：小型底栖鱼类，常栖息于河流或底质较肥的江边等的浅水处；摄食藻类和植物碎屑。

主要分布：琼中和平，琼海嘉积等地。

种群数量：常见。

67. 泥鳅 níqiū

Misgurnus anguillicaudatus (Cantor, 1842)

鳅科 Cobitidae　　　　　　　　　　　　　　**泥鳅属 *Misgurnus* Lacépède, 1803**

英 文 名：oriental weatherfish。

地 方 名：鱼纽。

主要特征：背鳍3-7；臀鳍2-5；胸鳍1-8～10；腹鳍1-5。体背鳍前部圆筒形，尾柄侧扁。体被细小鳞。体背及体侧的颜色深，呈深褐色，周围散有不规则的褐色斑点，腹部浅黄色或灰白色，尾鳍基部上侧有1个黑色的斑点。尾柄背缘皮褶不发达。

生活习性：小型底层鱼类，生活在淤泥底的静止或缓流水体内，适应性较强，可钻入泥中潜伏；以各类小型动物为食；卵黏性。

主要分布：琼中和平，琼海嘉积等地。

种群数量：少见。

68. 大鳞副泥鳅 dàlínfùníqiū

Paramisgurnus dabryanus Dabry de Thiersant, 1872

鳅科 Cobitidae　　　副泥鳅属 *Paramisgurnus* Dabry de Thiersant, 1872

英 文 名：bigscale loach。

地 方 名：台湾鱼纽、台湾泥鳅。

主要特征：背鳍4-6~7；臀鳍3-5；胸鳍1-9~10；腹鳍1-5~6。体长形，侧扁，体较高。口下位，须5对。鳞片较大。体为灰褐色，背部色较深，腹部黄白色。体侧具有不规则的斑点。背鳍、臀鳍和尾鳍为浅灰黑色，其上具有不规则的黑色斑点。尾柄背缘皮褶发达。

生活习性：见于底泥较深的湖边、池塘、稻田、水沟等浅水水域，杂食性。

主要分布：万泉河干支流。

种群数量：常见。

69. 广西爬鳅 guǎngxīpáqiū

Balitora kwangsiensis (Fang, 1930)

爬鳅科 Bolitoridae　　　　　　　　　　**爬鳅属 *Balitora* Fang, 1930**

英　文　名：sucker-belly loach。

地　方　名：怕杂滨。

主要特征：背鳍3-8；臀鳍2-5；胸鳍7~8-10~12；腹鳍2-8。体长，近圆筒形。口小，下位。下颌稍外露，须4对。体被中等大的鳞。体背棕黑色，腹部灰白色。体背中部有数个圆黑斑，体侧有不规则的黑纹。

生活习性：小型底栖鱼类，在江河急流石滩上生活。

主要分布：琼中和平，琼海嘉积等地。

种群数量：偶见。

70. 保亭近腹吸鳅 bǎotíngjìnfùxīqiū

Plesiomyzon baotingensis Zheng & Chen, 1980

爬鳅科 **Bolitoridae** 　　　近腹吸鳅属 *Plesiomyzon* Zheng & Chen, 1980

鲤形目 Cypriniformes

英 文 名：Hainan sucker-belly loach。

主要特征：背鳍3-7；臀鳍2-5；胸鳍1-12～13；腹鳍1-7～8。体长，尾部侧扁，头较低。吻褶与上唇相连，中间无沟。体仅头部裸露。体棕黄色，有不规则的黑色斑纹，背鳍和尾鳍有黑色斑点的条纹，胸鳍和腹鳍无明显的斑纹。性成熟后，雌鱼体侧有不规则黑色斑纹，雄鱼体侧为黄褐色，无黑色斑纹。

生活习性：小型鱼类，栖息于山间溪流。

主要分布：琼中乌石、定安翰林。

种群数量：上游常见。

濒危状况：中国脊椎动物红色名录易危物种。

71. 琼中拟平鳅 qióngzhōngnǐpíngqiū

Liniparhomaloptera qiongzhongensis Zheng & Chen, 1980

爬鳅科 Bolitoridae　　　　　　　　　拟平鳅属 *Liniparhomaloptera* Fang, 1935

鲤形目 Cypriniformes

地 方 名：杂滨、杂尼潘岁。

主要特征：背鳍3-7；臀鳍2-5；胸鳍1-13~14；腹鳍1-8。体长，尾柄稍侧扁。口小。下颌外露，吻须2对，颌须1对。下唇不分叶，边缘具许多小乳突。头背部及胸鳍基部前的喉部裸露无鳞。体背棕色，腹部微黄。头背面有黑色小圆斑，体背有不规则的黑斑，侧线下方有1纵列黑带。

生活习性：栖息于山间急流岩石中。

主要分布：琼中乌石、黎母山。

种群数量：常见。

72. 海南原缨口鳅

hǎinányuányīngkǒuqiū

Vanmanenia hainanensis Zheng & Chen, 1980

爬鳅科 **Bolitoridae**　　　　　　　　　　原缨口鳅属 _Vanmanenia_ Hora, 1932

地 方 名：杂尼潘醉。

主要特征：背鳍3-7；臀鳍2-5；胸鳍1-14～15；腹鳍1-8。体延长，尾柄稍侧扁，头低平。口较小。下颌外露。口角须2对。下唇前缘表面具有4个较显著的分叶状乳突。体被细小圆鳞。体棕色，腹部微黄，头部较暗，全身背面和体侧均有虫蚀状的斑纹。

生活习性：山间急流岩石中小型鱼类；刮食性。

主要分布：定安翰林。

种群数量：罕见。

73. 爬岩鳅 páyánqiū

Beaufortia leveretti (Nichols & Pope, 1927)

爬鳅科 **Bolitoridae**   爬岩鳅属 *Beaufortia* Hora, 1932

英 文 名：crawrock loach。

地 方 名：杂告。

主要特征：背鳍3-7~8；臀鳍1-5；胸鳍1-24~26；腹鳍1-19~24。体前部平扁。下颌稍外露。上唇无明显的乳突。体被中等大的鳞。臀鳍第一不分枝鳍条特化为扁平的硬刺。体背棕色，腹部微黄。头背有黑色小圆斑，体背布满细密的虫蚀状斑块。

生活习性：底栖小型鱼类，体型特化，吸附于石块上生活。

主要分布：琼海会山、琼中和平等。

种群数量：少见。

鲤形目 Cypriniformes

74. 短盖肥脂鲤 duǎngàiféizhīlǐ

Piaractus brachypomus (Cuvier, 1818)

脂鲤科 Characidae　　　　　　　　　　　肥脂鲤属 *Piaractus* Eigenmann, 1903

英　文　名：herbivorous characin。

地　方　名：淡水白鲳。

主要特征：背鳍18~19；臀鳍26~28；胸鳍16~18；腹鳍7~8。体侧扁成盘状。背较厚。无须。头小。体被小型圆鳞。自胸鳍基部至肛门有略呈锯状的腹棱鳞。体银灰色，胸、腹、臀鳍呈红色。尾鳍边缘带黑色。

生活习性：热带、亚热带鱼类；肉食性。

主要分布：琼中和平，琼海会山等地。

种群数量：少见。

外来鱼类

75. 糙隐鳍鲇 cāoyǐnqínián

***Pterocryptis anomala* (Herre, 1934)**

鲇科 Siluridae 　　　　　　　　　隐鳍鲇属 *Pterocryptis* Peters, 1861

地 方 名：菜刀鱼。

别　　名：吉氏隐鳍鲇。

主要特征：背鳍1-2~3；臀鳍55~61；胸鳍I-10~13；腹鳍1-7~9。体延长，前部较短，后部较长而侧扁。须3对，无鼻须，颌须特长，后伸可超过臀鳍起点。外侧颏须较长，内侧颏须稍短。背鳍短小，无骨质硬刺。体呈褐色，侧、腹面色浅。

生活习性：肉食性小型鱼类，主食小鱼、虾和水生昆虫及其幼虫。

主要分布：琼中黎母山，琼海会山等地。

种群数量：少见。

鲇形目 Siluriformes

76. 越南隐鳍鲇 yuènányǐnqínián

Pterocryptis cochinchinensis (valenciennes, 1840)

鲇科 Siluridae · · · · · 隐鳍鲇属 *Pterocryptis* Peters, 1861

英 文 名：vietnam catfish。

地 方 名：菜刀鱼。

主要特征：背鳍1-3；臀鳍57~66；胸鳍I-12；腹鳍1-8；尾鳍16~18。体延长，前部粗圆，后部侧扁。须2对。体光滑无鳞，体黄褐色。背部紫褐色，腹部浅灰色，各鳍浅灰色，臀鳍边缘灰白色。

生活习性：肉食性小型鱼类，主食小鱼、虾和水生昆虫及其幼虫。

主要分布：琼中黎母山，琼海会山等地。

种群数量：少见。

77. 鲇 nián

Silurus asotus **Linnaeus, 1758**

鲇科 Siluridae　　　　　　　　　　　　　　鲇属 *Silurus* **Linnaeus, 1758**

英 文 名：amur catfish。

地 方 名：菜刀鱼、杂克、杂牙。

主要特征：背鳍1-4；臀鳍67~84；胸鳍1-12~14；腹鳍1-8~12；尾鳍16~18。体前部粗圆，后部侧扁。下颌稍突出。须2对。体光滑无鳞。胸鳍圆形，硬刺内、外缘均有锯齿，内缘锯齿强。体背侧灰黑色，腹部白色。体侧有不规则的白斑或不明显的斑纹。

生活习性：底层大型鱼类；肉食性，主食小鱼、虾及水生昆虫；卵黏性。

主要分布：琼中和平，琼海石壁等地。

种群数量：少见。

78. 棕胡子鲇 zōnghúzǐnián

Clarias fuscus (Lacépède, 1803)

胡子鲇科 Clariidae　　　　　　　　　　　　　　　　**胡子鲇属 *Clarias* Scopoli, 1777**

英　文　名：Chinese catfish。

地　方　名：角鱼、塘虱鱼。

主要特征：背鳍59~63；臀鳍42~46；胸鳍I-8；腹鳍6。体头部宽平，头背平斜。上颌突出。下颌略短于上颌。须4对。体裸露无鳞，富有黏液。胸鳍扇形较小，有1根粗壮的硬刺，硬刺内缘呈锯齿状。体黄褐色或灰黑色，腹部灰白色，体侧有横行的白色小点。

生活习性：底层性生活鱼类；食性较广。

主要分布：琼中黎母山，琼海会山等地。

种群数量：常见。

79. 蟾胡子鲇 chánhúzǐnián

Clarias batrachus (Linnaeus, 1758)

胡子鲇科 Clariidae   **胡子鲇属 *Clarias* Scopoli, 1777**

英　文　名：walking catfish。

地　方　名：泰国塘虱。

主要特征：背鳍64~74；臀鳍47~58。体头部宽平，头背平斜。上颌突出。下颌略短于上颌。须4对。侧线不明显。体裸露无鳞，富有黏液。胸鳍扇形较小，有1根粗壮的硬刺，硬刺内缘呈锯齿状。体暗褐色，腹部黄褐色。

生活习性：广泛栖息于河流、沟渠、湖沼与稻田等具泥质地的水体中。为夜行的底层活动鱼类，食性广，不仅捕食小鱼、虾，也摄食腐败的动植物碎屑。

主要分布：琼中和平，琼海石壁等地。

种群数量：常见。

渔业利用：可养殖鱼类。

外来鱼类

鲇形目 Siluriformes

80. 革胡子鲇 géhúzǐnián

***Clarias gariepinus* Burchell, 1822**

胡子鲇科 Clariidae　　　　　　　　　　　胡子鲇属 *Clarias* Scopoli, 1777

英　文　名：african catfish。

地　方　名：埃及塘虱。

主要特征：背鳍65~76；胸鳍8~9；臀鳍52~55。体延长，后部侧扁。有须4对。体表裸露无鳞。体色灰青，背部及体侧有不规则苍灰色和黑色斑块，胸腹部为白色。

生活习性：底层鱼类；杂食性。

主要分布：琼中和平，琼海石壁等地。

种群数量：常见。

渔业利用：可养殖鱼类。

外来鱼类

鲇形目 Siluriformes

81. 纵纹疯鲿 zòngwénfēngcháng

***Tachysurus virgatus* (oshima, 1926)**

鲿科 **Bagridae**　　　　　　　　　　疯鲿属 *Tachysurus* Lacepède, 1803

地 方 名：三角公。

主要特征：背鳍II-6~7；臀鳍14~17；胸鳍I-7~8；腹鳍I-5。体延长，身躯粗壮，侧扁。口裂大，上颌比下颌突出，须4对。体无鳞，背鳍第二硬棘细长锐利，前缘光滑，后缘具弱锯齿。胸鳍硬棘外缘光滑，内缘锯齿发达，体褐黄色，体侧具3条黑褐色纵带，中间一条宽而明显，除尾鳍外，其余各鳍均具黑斑纹。

生活习性：小型底栖鱼类，主要摄食水生昆虫及其幼虫等。

主要分布：琼海会山、石壁。

种群数量：偶见。

82. 低眼巨无齿鲀

dīyǎnjùwúchǐmáng

Pangasianodon hypophthalmus (Sauvage, 1878)

| 巨鲀科 Pangasiidae | 无齿鲀属 *Pangasianodon* Chevey, 1930 |

 外来鱼类

英　文　名：striped catfish。

地　方　名：淡水鲨鱼。

主要特征：体呈纺锤形。上颌略长于下颌。须2对。眼大近圆形，位于口裂稍后处，眼后头长大于吻长，眼圈红黄色。腹大而圆，没有腹棱。体呈青灰色、青蓝色或灰黑色，腹部为银白色。

生活习性：生活于深水水流缓慢的阴凉处的大型鱼类，喜栖息于水生漂浮植物下面。

主要分布：琼中和平，琼海嘉积等地。

种群数量：少见。

渔业利用：可养殖鱼类。

外来鱼类

鲀形目 Siluriformes

83. 豹纹翼甲鲇 bàowényìjiǎnián

Pterygoplichthys pardalis (Castelnau, 1855)

甲鲇科 Loricariidae　　　　　　　　　　**翼甲鲇属 *Pterygoplichthys* Gill, 1858**

英 文 名：amazon sailfin catfish。

地 方 名：清道夫。

主要特征：背鳍 I-10~11；臀鳍 I-3；胸鳍 I-5；腹鳍 I-4。全身被覆硬质骨板。口部腹面，特化为吸盘状口器。体呈黑色而具有许多鹅黄色的不规则纹。头背部为黑色，鹅黄色的花纹密集分布且呈多边形；腹部乳白色，散布黑色斑点。

生活习性：杂食性，主要以藻类、腐殖质为食。

主要分布：琼中和平，琼海石壁、嘉积等地。

种群数量：常见。

外来鱼类

84. 海南纹胸鮡

hǎinánwénxiōngzhào

Glyptothorax hainanensis (Nichols & Pope, 1927)

鲇形目
Siluriformes

英 文 名：Hainan bagrid catfish。

地 方 名：角鱼、杂猴。

主要特征：背鳍I-6；臀鳍3-9；胸鳍I-7；腹鳍I-5。头部平扁，腹部宽平，向后逐渐侧扁。须4对。体裸露无鳞。背鳍刺前缘光滑，后缘锯齿细小，脂鳍后缘游离。体暗褐色，腹面黄白色。体侧在背鳍下方、脂鳍下方以及尾柄处各具一宽大黑色横斑，斑上具有许多小黑点。

生活习性：底栖小型鱼类，常在急流中活动，用胸腹面发达的皱褶吸附于石上；以昆虫幼虫为主要食物，卵黏性。

主要分布：琼中和平，琼海会山等地。

种群数量：常见。

85. 斑海鲇 bānhǎinián

Arius maculatus (Thunberg, 1792)

海鲇科 Ariidae 　　　　　　　　　　海鲇属 *Arius* Cuvier & Valenciennes, 1840

英 文 名：sea barbel。

俗　　名：三角钉。

主要特征：背鳍I-7；臀鳍3-11；胸鳍I-10~11；腹鳍1-5。体延长，头部略扁，腹部圆，后半部侧扁。上颌较下颌长，颌骨具锐利齿带，腭骨则具3对呈长圆形的齿带。口部周边有3对须。体无鳞。体背呈蓝褐色，体侧灰白色，腹部淡白。各鳍略偏黄；脂鳍上具一大黑点。

生活习性：属于热带及亚热带沿岸的底栖性鱼类，广泛栖息在潟湖、河口、河川感潮带等咸水或半淡咸水域，对不同盐度的水域适应良好。肉食性，主要以小型鱼虾等水生动物为食。

主要分布：琼海博鳌。

种群数量：常见。

鲇形目 Siluriformes

86.食蚊鱼 shíwényú

Gambusia affinis (Baird & Girard, 1853)

花鳉科 Poeciliidae　　　　　　　　　　　　食蚊鱼属 *Gambusia* Poey, 1854

鳉形目 Cyprinodontiformes

英 文 名：mosquito fish。

地 方 名：大肚鱼。

主要特征：背鳍7~9；臀鳍9；胸鳍13~14；腹鳍6。体形小，头及背缘较平直，腹部圆。无腹棱。上颌微突出。体背橄榄色，腹部银白色。

生活习性：以小型无脊椎动物为食。

主要分布：琼中和平，琼海石壁等地。

种群数量：常见。

外来鱼类

87. 青鳉 qīngjiāng

Oryzias latipes (Temminck & Schlegel, 1846)

怪颌鳉科 Adrianichthyidae　　　　　青鳉属 *Oryzias* Jordan & Snyder, 1906

英　文　名：rice Fish。

地　方　名：鳉鱼、白眼丁当。

主要特征：背鳍I-5；臀鳍16；胸鳍1-9；腹鳍1-5。体长，头及体背缘部较平直，腹缘圆突。口横裂。下颌微突出。体被较大的圆鳞。无鳍棘，臀鳍基部较长。体背浅灰色，体侧及腹部色深，背鳍正中有1条纵行的黑纹，各鳍暗灰色。

生活习性：生活于平地之池沼及河川水流缓慢处，水草茂盛处尤多；以小动植物为食，卵具丝状突出物。

主要分布：琼中和平，琼海石壁等地。

种群数量：常见。

88. 弓背青鳉 gōngbèiqīngjiāng

Oryzias curvinotus (Nichols & Pope, 1927)

怪颌鳉科 Adrianichthyidae　　　　　　青鳉属 *Oryzias* Jordan & Snyder, 1906

地方名：鳉鱼。

主要特征：体形细小延长，侧扁。头及体背平直，胸部圆凸。尾截形。

生活习性：栖息于水体中下水层。

主要分布：琼海博鳌、朝阳。

种群数量：常见。

89. 尾斑柱颌针鱼

wěibānzhùhézhēnyú

Strongylura strongylura (van Hasselt, 1823)

颌针鱼科 Belonidae 　　　　柱颌针鱼属 *Strongylura* van Hasselt, 1824

英 文 名：blackspot longtom。

主要特征：背鳍12~15；臀鳍15~18；胸鳍9~10；腹鳍6。体略侧扁，截面呈圆柱形；头部甚侧扁，背侧之中央沟发育良好；尾柄侧扁，无侧隆起棱。两颌突出如喙，下颌长于上颌；主上颌骨的下缘在嘴角处突出于眼前骨的下方。鳞中等，鳃盖具鳞，背鳍基底及臀鳍基底具鳞；侧线低位，近腹缘，至尾柄处向上升，而止于尾柄中部。腹鳍基底位于眼前缘与尾鳍基底间距中央之略后方；尾鳍圆形。体背蓝绿色，体侧银白色。尾鳍基部有1个黑色圆斑。

生活习性：暖水性中小型鱼类；习性凶猛，以小鱼为主食，尤其是鲱类。

主要分布：琼海博鳌。

种群数量：常见。

渔业利用：经济鱼类。

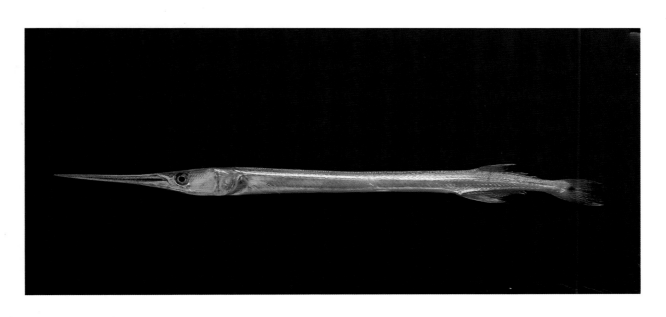

90. 乔氏吻鱵 qiáoshìwěnzhēn

Rhynchorhamphus georgii (Valenciennes, 1847)

鱵科 Hemirhamphidae　　　　　吻鱵属 *Rhynchorhamphus* Fowler, 1928

英 文 名：longbill halfbeak。

主要特征：背鳍13～17；臀鳍13～16；胸鳍11～12；腹鳍1-5，尾鳍16～17。下颌远较上颌突出，成扁平长喙；上颌短小，呈三角形，三角形长大于宽，中央隆起而呈弧状，被鳞；两颌具单尖头齿。体被圆鳞；侧线下位，近腹缘，于胸鳍基底下方有2条向上延伸的分支。腹鳍白色，后位，胸鳍基底至腹鳍基底之间；尾鳍深开叉，下叶长于上叶。体背呈浅灰蓝，腹部白色。

生活习性：暖水性中小型鱼类；以浮游生物为食。

主要分布：琼海博鳌。

种群数量：常见。

颌针鱼目 Beloniformes

91. 斑鱵 bānzhēn

Hemiramphus fas (Forsskål, 1775)

鱵科 Hemirhamphidae	鱵属 *Hemiramphus* Cuvier, 1816

英 文 名：esox far。

主要特征：背鳍12~14；臀鳍10~12；胸鳍11~13。体延长，侧扁。上颌短，突出成三角形，其上无鳞；下颌突出如喙。侧线位低，近腹缘。体背呈浅灰蓝，腹部白色，体侧中间有1条银白色纵带，其中有3~9条垂直暗斑；喙为黑色，前端橘红色。

生活习性：暖水性中小型鱼类。

主要分布：琼海博鳌。

种群数量：少见。

92. 钝鱵 dùnzhēn

Hemiramphus robustus **Günther, 1866**

鱵科 Hemirhamphidae   **鱵属 *Hemiramphus* Cuvier, 1816**

颌针鱼目
Beloniformes

英 文 名：robust garfish。

主要特征：背鳍2-11~12；臀鳍2-10~11；胸鳍12；腹鳍1-5；尾鳍16。体长，略呈扁柱形，侧扁。体被较大圆鳞，上颌三角部裸露无鳞。体灰棕色，背部浅褐色，腹部浅棕色，体侧自鳃孔后上方至尾鳍有1条黑褐色纵带，吻部及喙黑色，背鳍、臀鳍边缘黑色，尾鳍后缘灰黑色。

生活习性：暖水性中小型鱼类。

主要分布：琼海博鳌。

种群数量：少见。

93. 瓜氏下鱵 guāshìxiàzhēn

Hyporhamphus quoyi (Valenciennes, 1874)

鱵科 **Hemirhamphidae**　　　　　　　　下鱵属 *Hyporhamphus* **Gill, 1859**

英 文 名：quoy's garfish。

主要特征：背鳍2-12~14；臀鳍2-13~14；胸鳍12；腹鳍1-5；尾鳍15~16。体长，略呈圆柱形，稍侧扁。下颌延长，形成一扁平长喙。体被圆鳞。体灰棕色，背部浅褐色，腹部后缘灰黑色，其余各鳍浅色。

生活习性：暖水性中小型鱼类。

主要分布：琼海博鳌。

种群数量：常见。

94. 鲻 ZĪ

Mugil cephalus Linnaeus, 1758

| 鲻科 Mugilidae | 鲻属 *Mugil* Linnaeus, 1758 |

英文名：sea mullet。

地方名：西鱼、乌头。

主要特征：背鳍Ⅳ，Ⅰ-7~8；臀鳍Ⅲ-8；胸鳍16~17；尾鳍16。体延长，呈纺锤形，前部圆形而后部侧扁，背无隆脊。头短。吻短；唇薄。眼圆，前侧位；脂眼睑发达。上颌骨直走而不弯曲，末端近于口角后缘。背鳍2个；胸鳍上侧位，基部具蓝色斑驳，腋鳞发达；腹鳍腹位，尾鳍分叉。体背橄榄绿，体侧银白色，腹部渐次转为白色，体侧有6或7条暗褐色带；眼球的虹膜具金黄色缘。除腹鳍为暗黄色外，各鳍有黑色小点。胸鳍基部的上半部有1个蓝斑。

生活习性：广盐性鱼类；以藻类及有机碎屑为食，也可摄食浮游动物和小型贝壳类。

主要分布：琼海博鳌、朝阳。

种群数量：常见。

渔业利用：经济鱼类。

95. 棱龟鲹 lēngguīsuō

Planiliza carinata (Valenciennes, 1836)

鲻科 Mugilidae | 鲹属 *Planiliza* Whitley, 1945

英 文 名：carinate mullet。

地 方 名：西鱼、乌头。

主要特征：背鳍IV，I-8；臀鳍III-9；胸鳍15～16；腹鳍I-5；尾鳍16。体前部近圆筒形，背缘浅弧形，脂眼睑不发达。体被较大的弱栉鳞，头部被圆鳞。体背青灰色，腹部白色，体侧上部有多条灰黑色的纵带。背鳍、尾鳍灰黑色，臀鳍和腹鳍黄白色，胸鳍浅色。

生活习性：暖水性中小型鱼类；摄食底栖藻类，有机碎屑和部分浮游动物。

主要分布：琼海博鳌、朝阳。

种群数量：常见。

渔业利用：经济鱼类。

96. 龟鲛 guīsuō

Planiliza haematocheila (Temminck & Schlegel,1845)

鲻科 Mugilidae | **鲛属 *Planiliza* Whitley, 1945**

英文名：so-iny mullet。

地方名：西鱼、乌头。

主要特征：背鳍IV，I-8；臀鳍III-9；胸鳍16~18；腹鳍16~18。体延长，呈纺锤形，前部圆形而后部侧扁，背无隆脊。头短，头背平扁，两侧膨大。吻短；唇薄。眼圆；脂眼睑不发达。上颌骨末端弯曲向下且宽大略呈方形，末端远于口角后缘。背鳍2个；胸鳍基部无蓝斑驳或黑点，腋鳞发达；尾鳍分叉或凹入。体背暗褐色，体侧银白色，腹部渐转为白色。除腹鳍为白色外，各鳍为橄榄绿至暗色。胸鳍基部无色。

生活习性：暖温性的底层鱼类；摄食有机碎屑、硅藻、蓝藻及浮游动物等。

主要分布：琼海博鳌、朝阳。

种群数量：常见。

渔业利用：经济鱼类。

97. 黄鳝 huángshàn

Monopterus albus (Zuiew, 1793)

合鳃鱼科 **Synbranchidae**　　　　　　黄鳝属 *Monopterus* Lacépède, 1800

英 文 名：rice swampeel。

地 方 名：鳝鱼。

主要特征：体细长而呈圆柱状，头部膨大，颊部隆起。吻短而扁平；口开于吻端，斜裂；上下颌均具齿。眼甚小，隐于皮下。无胸鳍与腹鳍；背鳍与臀鳍也都退化成皮褶，而与尾鳍相连。体裸露无鳞片，富黏液；侧线完全。体背为黄褐色，腹部颜色较淡，全身具有不规则黑斑纹。

生活习性：底层鱼类，广泛栖息于稻田、湖泊、河流等多种水体环境；肉食性。

主要分布：琼中和平、湾岭，琼海万泉、嘉积等地。

种群数量：常见。

渔业利用：经济鱼类。

98. 大刺鳅 dàcìqiū

Mastacembelus armatus (Lacépède, 1800)

刺鳅科 **Mastacembelidae**　　　　　刺鳅属 *Mastacembelusc* Lacépède, 1777

英 文 名：tiretrack eel。

地 方 名：嘎廖堆、镰刀鱼。

主要特征：背鳍XXXIII~XXXIV-68~72；臀鳍III-66~70；胸鳍13~14。体延长，侧扁而低，体形较大。尖突，吻细长。头和体均密被细小圆鳞。体呈灰褐色，背部灰黑色，腹部灰白色，头侧有1条黑色纵带经眼部达鳃盖后上方，体侧有许多不规则的斑块。

生活习性：栖息于砾石底的江河溪流中，常藏匿于石缝或洞穴中；以小型无脊椎动物和部分植物为食。

主要分布：琼中和平、湾岭，琼海会山、石壁等地。

种群数量：常见。

渔业利用：经济鱼类，可养殖、增殖。

99. 日本魣 rìběnyù

Sphyraena japonica **Bloch & Schneider, 1801**

魣科 Sphyraenidae   魣属 *Sphyraena* **Artedi in Röse, 1793**

英 文 名：sea pike。

地 方 名：倭鲅、竹梭。

主要特征：背鳍Ⅴ，Ⅰ-9；臀鳍Ⅱ-8，胸鳍Ⅰ-5；尾鳍22。体延长，略侧扁，呈圆柱形。头长而吻尖突。口裂大，宽平；下颌突出于上颌；上颌骨末端及前鼻孔下方。体被小圆鳞；侧线完整。具2个背鳍，彼此分离甚远；胸鳍短，末端不及背鳍起点；尾鳍全期为深叉形。体背部青灰蓝色，腹部呈白色；腹鳍基部上方无小黑斑。尾鳍灰黄色；余鳍灰白或淡色。

生活习性：暖水性鱼类，栖息于河口及近海中下层水域；摄食虾类和幼鱼。

主要分布：琼海博鳌。

种群数量：常见。

渔业利用：经济鱼类。

100. 四指马鲅 sìzhǐmǎbà

Eleutheronema tetradactylum (Shaw, 1804)

马鲅科 Polynemidae　　　　　四指马鲅属 *Eleutheronema* Bleeker, 1862

英　文　名：fourfinger threadfin。

地　方　名：偶鱼、马友。

主要特征：背鳍VIII，I-13~15；臀鳍III-14~16；胸鳍17~18+4；腹鳍I-5；尾鳍
18~19。体延长而侧扁。头中大，前端圆钝。吻短而圆。眼较大，位于
头的前部；脂性眼睑发达，呈长椭圆形。口大，下位，口裂近水平；下
颌唇不发达；上下颌两侧均有牙齿。体被栉鳞，背、臀及胸鳍基部均具
鳞鞘，而胸鳍及腹鳍基部腋鳞长尖形，两腹鳍间另具1个三角形鳞瓣，
胸鳍下部有4根细长的丝状游离鳍条；腹鳍的前缘黄色，其余部分为白
色。

生活习性：暖水性中小型鱼类；摄食桡足类、头足类及虾、幼鱼等。

主要分布：琼海博鳌。

种群数量：偶见。

渔业利用：经济鱼类。

101. 黑斑多指马鲅

hēibānduōzhǐmǎbà

Polydactylus sextarius (Bloch & Schnoider, 1801)

马鲅科 Polynemidae　　　　　　　　马鲅属 *Polydactylus* Linnaeus, 1758

英 文 名：sixfinger threadfin。

主要特征：背鳍Ⅷ，Ⅰ-13；臀鳍Ⅲ-12；胸鳍16+3；腹鳍Ⅰ-5。体延长而侧扁。头中大，前端圆钝。吻短而圆。眼较大，长于吻长，位于头的前部；脂性眼睑发达，呈长椭圆形。口大，下位，口裂近水平；下颌唇发达，但未达下颌缝合处；上下颌两侧均有牙齿，其外侧无小齿；锄骨齿退化；腭骨具齿。鳔不具侧枝。体被栉鳞，背、臀及胸鳍基部均具鳞鞘，而胸鳍及腹鳍基部腋鳞长尖形，两腹鳍间另具1个三角形鳞瓣；侧线直，且向后方缓慢倾斜。背鳍2个；胸鳍短于头长，下侧位，上部胸鳍大部分分叉，下部具有6枚游离的丝状软条；尾鳍深叉，上下叶不延长如丝。体背部呈灰绿色，体侧银白；前端侧线具一污斑。各鳍灰色而略带黄色。

生活习性：栖息于砂泥底质环境，常成群洄游；以浮游动物或砂泥地中的软体动物为食。

主要分布：琼海博鳌。

种群数量：常见。

102. 眶棘双边鱼

kuàngjíshuāngbiānyú

Ambassis gymnocephalus (Lacépède, 1802)

双边鱼科 Ambassidae　　双边鱼属 *Ambassis* Cuvier & Valenciennes, 1828

英 文 名：bald glassy。

主要特征：背鳍I，VII~VIII，I-8~9；臀鳍III-9；胸鳍14~15；腹鳍I-5；尾鳍17。
体长椭圆形，背缘弧度稍大，尾柄宽短。体被中等大的圆鳞。背鳍2个，
基部相连，第一背鳍鳍膜上端无黑色。体背面灰黑色，腹部银白色，体
侧自胸鳍末端至尾鳍基部有1条灰黑色的纵带。

生活习性：暖水性小型鱼类。

主要分布：琼海博鳌。

种群数量：常见。

103. 古氏双边鱼 gǔshìshuāngbiānyú

Ambassis kopsii Bleeker, 1858

双边鱼科 Ambassidae　　　　双边鱼属 *Ambassis* Cuvier & Valenciennes, 1828

英 文 名：freckled hawkfish。

主要特征：背鳍I，VII~VIII，I-8~9；臀鳍III-9；胸鳍14~15；腹鳍I-5；尾鳍17。体呈椭圆形，背缘弧度稍大，尾柄宽短。体被中等大的圆鳞。背鳍2个，基部相连，第一背鳍鳍膜上端黑色。体背面灰黑色，腹部银白色，体侧自胸鳍末端至尾鳍基部有1条灰黑色的纵带。

生活习性：暖水性小型鱼类。

主要分布：琼海博鳌。

种群数量：常见。

104. 长棘石斑鱼 chángjíshíbānyú

Epinephelus longispinis (kner, 1864)

鲳科 Serranidae　　　　　　　　　　　　石斑鱼属 *Epinephelus* Bloch, 1793

鲈形目 鲈亚目 鲈形目 鲈亚目 Percoidei Perciformes

英 文 名：longspine grouper。

地 方 名：石斑鱼。

主要特征：背鳍XI~XII-13~15；臀鳍III-8；胸鳍18；腹鳍I-5；尾鳍15。体长椭圆形，侧扁而粗壮，头背部弧形；眶间区平坦或略凸，两眼间扁平；胸鳍圆形，中央鳍条长于上下方鳍条，尾鳍略圆；背鳍棘长，第3棘最长；成鱼身体及各鳍呈暗褐色至黄褐色，散布红褐色小斑点；体后半部斑点为长椭圆形；背鳍基部具2个不明显褐斑；胸鳍、背鳍软条部及尾鳍具较大黑斑，臀鳍后缘白。

生活习性：暖水性礁栖鱼类；以鱼类、甲壳类及软体动物为食。

主要分布：琼海博鳌。

种群数量：常见。

渔业利用：经济鱼类。

105. 尖吻鲈 jiānwěnlú

Lates calcarifer (Bloch, 1790)

尖吻鲈科 Latidae　　　　　　　　　　尖吻鲈属 *Lates* Cuvier & Valenciennes, 1828

英　文　名：sea bass。

地　方　名：盲鰽、剑鰽、金目鲈。

主要特征：背鳍VII，I-11；臀鳍III-8；胸鳍15；腹鳍I-5；尾鳍15。体长而侧扁，腹缘平直。头部尖，头背侧、眼睛上方有一明显凹槽。眼略小。前后鼻孔相近。吻短而略尖。口大，下颌略突出；上颌后端达眼后下方。眶前骨与前鳃盖骨均无锯齿双重边缘，被细小栉鳞。背鳍单一，具深缺刻；胸鳍短；尾鳍圆形。成鱼体呈银白色，体背侧灰褐至蓝灰色，各鳍灰黑或淡色；幼鱼褐色至灰褐色，头部具3条白纹，体侧散布白色斑纹，眼褐色至金黄色，随成长而略具淡红色虹彩。

生活习性：暖水性沿岸鱼类，可进入江河淡水生活；肉食性。

主要分布：琼海博鳌。

种群数量：少见。

渔业利用：经济鱼类。

106. 蓝鳃太阳鱼 lánsāitàiyángyú

Lepomis macrochirus **Rafinesque, 1819**

| 棘臀鱼科 Centrarchidae | 太阳鱼属 *Lepomis* Rafinesque,1819 |

英文名：bluegill。

地方名：太阳鱼。

主要特征：背鳍IX~XI-10~12；臀鳍III-11~12；胸鳍10；腹鳍I-5。体高而侧扁。鳃盖后方延长，延长的鳃盖深蓝色或黑色。在背鳍基底有1个突出的黑色斑块，接近尾部。体背侧有7~10条暗黄色纵带，背侧深灰褐色。

生活习性：主要栖息在水库与缓动性的河流中，杂食性，主要以植物茎叶、昆虫、小鱼、虾等为食。

主要分布：琼海万泉、嘉积。

种群数量：少见。

外来鱼类

107. 杂色鱚 zásèxǐ

Sillago aeolus Jordan & Evermann, 1902

鱚科 **Sillaginidae**　　　　　　　　　　　鱚属 *Sillago* Cuvier, 1817

英 文 名：oriental sillago。

地 方 名：沙丁鱼。

主要特征：背鳍XI，I-18~20；臀鳍II-17~19。体呈长圆柱形，略侧扁。口小，开于吻端。主鳃盖骨小，有一短棘；前鳃盖骨后缘垂直，平滑或略有锯齿，下缘水平。体被小型栉鳞，鳞片易脱落；侧线完全。背鳍2个。头部至体背侧土褐色至淡黄褐色，腹侧青灰色，腹部近于白色；体侧散布不规则的污斑。第一背鳍上半部黑色；第二背鳍具不明显暗色纵带；胸部基部具黑斑。

生活习性：暖水性浅海鱼类，杂食性，生性非常胆小谨慎，常常藏身于沙中，生命力不强，往往离水一会儿即告死亡；主要以底栖的多毛类、长尾类、端足类、糠虾类等为食。

主要分布：琼海博鳌。

种群数量：常见。

渔业利用：经济鱼类。

108. 多鳞鱚 duōlínxǐ

Sillago sihama (Forskål, 1775)

鱚科 Sillaginidae | **鱚属 *Sillago* Cuvier, 1817**

英 文 名：silver sillago。

地 方 名：沙丁鱼。

主要特征：背鳍XI，I-20～22；臀鳍II-21～23；胸鳍15～18；腹鳍I-5；尾鳍17。体呈长圆柱形，略侧扁，体被小型栉鳞，鳞片易脱落；颊部具鳞2列，皆为圆鳞；侧线完全。背鳍2个；腹鳍外缘硬棘不鼓起；尾鳍后缘截平或浅凹。头部至体背侧土褐色至淡黄褐色，腹侧灰黄色，腹部近于白色。各鳍透明；背鳍软条部具有不明显的黑色小点；胸鳍基部无黑斑。

生活习性：主要栖息于泥沙底质的沿岸沙滩或内湾水域，也会出现在河口下游的感潮带半淡咸水域河段；肉食性，主要摄食多毛类、长尾类、端足类、糠虾类等。

主要分布：琼海博鳌。

种群数量：常见。

渔业利用：经济鱼类。

109. 六带鲹 liùdàishēn

Caranx sexfasciatus Quoy & Gaimard, 1825

鲹科 **Carangidae** 　　　　　　　　　　　鲹属 *Caranx* Lacépède, 1802

英文名：six banded trevally。

主要特征：背鳍I，VIII，I-21；臀鳍II，I-17~18；胸鳍21~22；腹鳍I-5；尾鳍17。体呈长椭圆形，侧扁而高，随着成长，身体逐渐向后延长。背部平滑弯曲，腹部则缓。眼前、后缘的脂眼睑较发达。下颌突出。体被小圆鳞。体灰色，略带浅黄色，腹部浅色，自吻端沿鼻孔和眼背缘至鳃孔后上角有1条灰色的细带，鳃盖骨上方侧线开始处有1个黑斑，第一背鳍灰黑色，端部深黑色。

生活习性：主要栖息于近沿海礁石底质水域；以鱼类及甲壳类为食。

主要分布：琼海博鳌。

种群数量：常见。

110. 勒氏枝鳔石首鱼

lèshìzhībiàoshíshǒuyú

Dendrophysa russelii **(Cuvier, 1829)**

石首鱼科 Sciaenidae　　　　　枝鳔石首鱼属 *Dendrophysa* Trewavas, 1964

英 文 名：goatee croaker。

主要特征：背鳍X，I-25~27；臀鳍II-7；胸鳍15~17；腹鳍I-5；尾鳍16~17。体
　　　　　及头部被栉鳞，吻及颊部被圆鳞，背鳍、臀鳍及尾鳍有部分鳍膜被小圆
　　　　　鳞。体背侧浅灰色，腹侧银白色。背鳍鳍棘部黑色，其余各鳍为淡黄
　　　　　色，背鳍前方有1个菱形的大黑斑，尾柄背部灰色。

生活习性：暖水性底层小型鱼类，栖息于河口咸淡水水域及沿岸浅水区；摄食小
　　　　　虾等。

主要分布：琼海博鳌。

种群数量：常见。

濒危状况：中国物种红色名录易危物种。

111. 浅色黄姑鱼 qiǎnsèhuángguūyú

Nibea coibor (Hamilton, 1822)

石首鱼科 Sciaenidae 　　　　　黄姑鱼属 *Nibea* Jordan & Thompson, 1911

鲈形目 Perciformes
鲈亚目 Percoidei

英 文 名：chu's drums。

地 方 名：南风鱼。

主要特征：背鳍X，I-29~30；臀鳍II-7；胸鳍17；腹鳍I-5；尾鳍17。体延长，侧扁，背口斜裂，上下颌几乎等长或上颌稍长。体及头部被栉鳞，体银灰色，背部较深，鳞片上具有许多小黑点。背鳍鳍棘部的鳍膜浅灰色，背缘黑色，有许多黑点，背鳍鳍条部上方灰色，每一鳍条基部具一黑色斑点，在背鳍鳍条中部有一浅色纵行条纹，其余各鳍均浅灰色。

生活习性：暖水性中型鱼类，栖息于近岸底层，有时可生活咸淡水交界处，亦可进入淡水。

主要分布：琼海博鳌。

种群数量：常见。

渔业利用：经济鱼类。

112. 静仰口鲾 jìngyǎngkǒubī

Secutor insidiator (Bloch, 1787)

鲾科 Leiognathidae | 仰口鲾属 *Secutor* Gistel, 1848

英 文 名：slender soapy。

地 方 名：垄仔。

主要特征：背鳍VIII-16；臀鳍III-14；胸鳍17；腹鳍I-5；尾鳍17。体卵圆形而侧扁，腹部轮廓较背部凸，尾柄较短。眼前上缘有1根小棘。体背部银蓝色，腹部银白色，眼下缘至上颌后缘有1条黑纹，背部有十数条以上不规则的蓝色斑纹所连成的横纹，胸鳍、尾鳍黄色，其余各鳍灰白色。

生活习性：主要栖息于砂泥底质的沿海地区，亦可生活于河口区；肉食性，以小型甲壳类为食。

主要分布：琼海博鳌。

种群数量：常见。

113. 鹿斑仰口鲾 lùbānyǎngkǒubī

Secutor ruconius (Hamilton, 1822)

| 鲾科 Leiognathidae | 仰口鲾属 *Secutor* Gistel, 1848 |

英 文 名：silver belly。

地 方 名：垄仔。

主要特征：体卵圆形而侧扁，腹部轮廓较背部凸。眼上缘具二鼻后棘。口极小，可向前上方伸出；吻尖突。体完全被圆鳞；腹鳍具腋鳞，背鳍及臀鳍具鳞鞘；侧线明显，但仅延伸至背鳍软条部中部之下方。体背灰色，体侧银白色。体背约具10条连续的暗色垂直横带。吻缘灰白。自眼前端至颏部具一黑纹。胸鳍基部下侧具黑色。背鳍第二至第五硬棘上部具黑色缘；其余各鳍色淡；尾鳍淡黄色。

生活习性：主要栖息于砂泥底质的沿海地区，亦可生活于河口区，甚至河川下游；肉食性，以小型甲壳类为食。

主要分布：琼海博鳌。

种群数量：常见。

114. 短吻鲾 duǎnwěnbī

Leiognathus brevirostris (Valenciennes, 1835)

鲾科 Leiognathidae　　　　　　　　　　　　　**鲾属 *Leiognathus* Lacépède, 1803**

英　文　名：shortnose ponyfish。

地　方　名：垄仔。

主要特征：背鳍VIII-16；臀鳍III-14；胸鳍16~17；腹鳍I-5；尾鳍17。体长卵圆形，头较小，项背高起。头部和胸部无鳞。臀鳍和背鳍的基部有许多小棘。体银色，项部有1个暗黄棕色的鞍斑，自眼上缘至尾鳍基部有1条黄色纵带，背鳍棘的上半部有1个深黑斑，尾鳍下叶后半部黄色。

生活习性：暖水性小型鱼类，成群出现，常出现在河口的咸水域；捕食小型甲壳类、多毛类维生。

主要分布：琼海博鳌。

种群数量：常见。

渔业利用：经济鱼类。

鲈形目 鲈亚目 Percoidei Perciformes

115. 短棘鲾 duǎnjíbī

Leiognathus equulus (Forskål, 1775)

鲾科 Leiognathidae 　　　　　　　　　　**鲾属 *Leiognathus* Lacépède, 1803**

英 文 名：slimy soapy。

地 方 名：垄仔。

主要特征：背鳍VIII-16；臀鳍III-14，胸鳍20；腹鳍I-5；尾鳍17。体卵圆形而侧扁，体高颇高。背部轮廓较腹部凸。体被圆鳞，腹鳍前方区域无鳞；腹鳍具腋鳞，背鳍及臀鳍具鳞鞘；侧线明显，延伸至尾鳍基部。背鳍单一，背鳍第二根硬棘稍延长。体背灰色，体侧银白。体侧上半部另具排列紧密但不显明的垂直黑带。尾柄背部另具1条灰褐色斑纹。吻端具黑点。背鳍软条的鳍缘黑色；胸鳍灰色而具暗色缘；尾鳍后缘灰色到暗黄色。

生活习性：暖水性中小型鱼类，栖息在近海及河口咸淡水交界水域中，亦能进入淡水域中；一般在底层活动觅食，肉食性，以小型鱼类、甲壳类、底栖动物、浮游动物为食。

主要分布：琼海博鳌。

种群数量：常见。

渔业利用：经济鱼类。

116. 长棘银鲈 chángjíyínlú

Gerres filamentosus Cuvier, 1829

| 银鲈科 Gerridae | 银鲈属 *Gerres* Quoy & Gaimrd, 1824 |

鲈形目 Perciformes 鲈亚目 Percoidei

英 文 名：whipfin silverbiddy。

地 方 名：博米。

主要特征：背鳍IX-10；臀鳍III-7；胸鳍15~17；腹鳍I-5；尾鳍17。体呈长卵圆形而偏高。口小唇薄，伸缩自如，伸出时向下垂。眼大，吻尖。体被薄圆鳞，易脱落；背鳍及臀鳍基底具鳞鞘；侧线完全，呈弧状。背鳍单一，第二棘最长而延长如丝，末端达软条部中部；尾鳍深叉形。体呈银白色，有7~10列淡青色斑点形成的点状横带。各鳍皆淡色或有白缘、或有黑缘。

生活习性：为暖水性鱼类，栖息于近海及河口咸淡水水域，偶尔进入淡水域；肉食性，掘食在沙泥底中的底栖生物。

主要分布：琼海博鳌。

种群数量：常见。

渔业利用：经济鱼类。

117. 短棘银鲈 duǎnjíyínlú

Gerres limbatus Cuvier, 1830

银鲈科 Gerridae　　　　　　　　　**银鲈属** *Gerres* Quoy & Gaimrd, 1824

英 文 名：saddleback silver-biddy。

地 方 名：博米。

主要特征：背鳍IX-10；臀鳍III-7；胸鳍15；腹鳍I-5；尾鳍17。体呈长卵圆形而略高。口小唇薄，伸缩自如，伸出时向下垂。眼大。体被薄圆鳞，易脱落；背鳍及臀鳍基底具鳞鞘；侧线完全，呈弧状。背鳍1个；胸鳍短，末端仅及肛门；尾鳍叉形。体呈银白色，背部较暗。体侧具有4条由背缘延伸至体中央的宽斑块。背鳍淡黄色，第II至第VI棘间鳍膜上半部具黑色斑驳；尾鳍淡黄色，具暗色缘；臀鳍淡橘色，后部稍暗；胸鳍淡黄，末缘淡色。

生活习性：生活在河口与很浅的沿岸水域的潮汐水域；摄食生活在泥沙底部上的小动物。

主要分布：琼海博鳌。

种群数量：常见。

渔业利用：经济鱼类。

118. 紫红笛鲷 zǐhóngdídiāo

Lutjanus argentimaculatus (Forskål, 1775)

笛鲷科 Lutjanidae　　　　　　　　　　　　　　　**笛鲷属 *Lutjanus* Bloch, 1790**

英文名：red snapper。

地方名：红友。

主要特征：背鳍X-13；臀鳍III-8；胸鳍17；腹鳍I-5；尾鳍17。体呈长椭圆形，背缘和腹缘圆钝，背缘稍呈弧状弯曲。两眼间隔平坦。体被中大栉鳞，颊部及鳃盖具多列鳞；背鳍、臀鳍和尾鳍基部大部分被细鳞；侧线完全；侧线上方前半部的鳞片排列与侧线平行，仅后半部的鳞片斜行。背鳍软硬鳍条部间具深刻；臀鳍基底短而与背鳍软条部相对；尾鳍近截形，微凹。体为红褐色至深褐色，幼鱼时体侧有7~8条银色横带，随成长而消失。

生活习性：暖水性鱼类，栖息于近海及河口低盐度水域，有时进入河川下游淡水中，尤其小鱼与亚成鱼更常见于河川水域；肉食性鱼类，以小型鱼类、无脊椎动物为食。

主要分布：琼海博鳌。

种群数量：常见。

渔业利用：经济鱼类。

119. 金焰笛鲷 jīnyàndídiāo

Lutjanus fulviflamma (Forskål,1775)

笛鲷科 Lutjanidae	笛鲷属 *Lutjanus* Bloch, 1790

鲈形目 鲈亚目 Perciformes Percoidei

英 文 名：blackspot snappe。

主要特征：背鳍X-13~14；臀鳍III-8；胸鳍13~15；腹鳍I-5。体呈椭圆形，背缘呈弧状弯曲。体被中大栉鳞，颊部及鳃盖具多列鳞；背鳍鳍条部及臀鳍基部具细鳞；侧线上方的鳞片斜向后背缘排列，下方的鳞片则与体轴平行。背鳍软硬鳍条部间无明显深刻；臀鳍基底短而与背鳍软条部相对；胸鳍长，末端达臀鳍起点；尾鳍内凹。体侧黄褐色至黄色，腹部银红至粉红色；体侧有5~8条黄色纵带；体侧在背鳍软条部的下方具一大黑斑，黑斑2/3在侧线下方。各鳍黄色。

生活习性：暖水性鱼类，主要栖息于沿岸礁区；摄食鱼类、虾类及其他底栖甲壳类，有弱毒。

主要分布：琼海博鳌。

种群数量：常见。

濒危状况：中国物种红色名录濒危物种。

120. 二长棘犁齿鲷
èrchángjílíchǐdiāo
Evynnis cardinalis Lacepède, 1820

鲷科 Sparidae	犁齿鲷属 *Evynnis* Jordan & Thompson, 1912

英 文 名：threadfin porgy。

主要特征：背鳍XII-10；臀鳍III-9；胸鳍15；腹鳍I-5；尾鳍17。体卵圆形，侧扁，背缘隆起，腹缘圆钝。头中大，前端甚钝。吻钝。口略小，端位。体被薄栉鳞，背鳍及臀鳍基部均具鳞鞘，基底被鳞；侧线完整。背鳍1个，硬棘部及软条部间无明显缺刻；臀鳍小，与背鳍鳍条部同形；尾鳍叉形。体呈鲜红色而带银色光泽，在体侧有数列纵向且显著的钴蓝色点状线纹。

生活习性：栖息于沿海近岸的沙泥底质；肉食性，以小鱼、小虾或软体动物为主食。

主要分布：琼海博鳌。

种群数量：偶见。

渔业利用：经济鱼类。

121. 灰鳍棘鲷 huīqíjídiāo

Acanthopagrus berda (Forskål, 1775)

鲷科 Sparidae | 棘鲷属 *Acanthopagrus* Peters, 1855

英文名：pickey bream。

地方名：立鱼。

主要特征：背鳍 XI-11；臀鳍 III-8~9；胸鳍 15~16；腹鳍 I-5；尾鳍 17。体背缘弧形突起。上、下颌约等长，或上颌稍长于下颌。体被弱栉鳞。体灰黑色，头部黑色，每枚鳞片基部黑色，除胸鳍外，其余各鳍均呈灰黑色，臀鳍鳍膜的中部有数条黑斑。

生活习性：常在河口区的蚵棚、红树林或堤防区的消波块附近活动，属广盐性鱼类；杂食性。

主要分布：琼海博鳌、朝阳。

种群数量：常见。

渔业利用：经济鱼类。

122. 黄鳍棘鲷 huángqíjídiāo

Acanthopagrus latus (Houttuyn, 1782)

鲷科 Sparidae   **棘鲷属 *Acanthopagrus* Peters, 1855**

鲈形目   鲈亚目 Percoidei   Perciformes

英 文 名：yellow sea bream。

地 方 名：黄脚立。

主要特征：背鳍XI-11；臀鳍III-8~9；胸鳍14~15；腹鳍I-5，尾鳍17。体高而侧扁，体呈椭圆形，背缘隆起，腹缘圆钝。头中大，前端尖。口端位；上下颌约等长。体被薄栉鳞，背鳍及臀鳍基部均具鳞鞘，基底被鳞；侧线完整。背鳍1个，硬棘部及软条部间无明显缺刻，硬棘强；臀鳍小，与背鳍鳍条部同形；尾鳍叉形。体灰白至淡色，体侧具金黄色的点状纵带；鳃盖具黑色缘；侧线起点及胸鳍腋部各有1黑点。背鳍灰色至透明无色；胸鳍、腹鳍及臀鳍呈现鲜黄色，有时在鳍膜间具黑纹；尾鳍灰色具暗色缘，下叶具黄色光泽。

生活习性：暖水性中小型鱼类，栖息于沿岸及河口区，也能上溯至淡水里；以多毛类、软体动物、甲壳类、棘皮动物及其他小鱼为主食。

主要分布：琼海博鳌、朝阳。

种群数量：常见。

渔业利用：经济鱼类。

123. 黑棘鲷 hēijídiāo

Acanthopagrus schlegelii (Bleeker, 1854)

鲷科 Sparidae   棘鲷属 *Acanthopagrus* Peters, 1855

英 文 名：black sea bream。

地 方 名：立鱼。

主要特征：背鳍XI-11；臀鳍III-8~9；胸鳍14~15。体高而侧扁，体椭圆形，背缘隆起，腹缘圆钝。头中大，前端尖。口端位；上下颌约等长。体被薄栉鳞，背鳍及臀鳍基部均具鳞鞘，基底被鳞。侧线完整。背鳍单一，硬棘部及软条部间无明显缺刻。体灰黑色而有银色光泽，有若干不太明显的暗褐色横带；侧线起点近主鳃盖上角及胸鳍腋部各1黑点。除胸鳍为橘黄色外，其余各鳍均为暗灰褐色。

生活习性：温热带底栖鱼类，具广盐性，常在河口区的蚵棚、红树林或堤防区的消波块附近活动；杂食性。

主要分布：琼海博鳌、朝阳。

种群数量：常见。

渔业利用：经济鱼类。

鲈形目
鲈亚目
Perciformes
Percoidei

124. 大斑石鲈 dàbānshílú

Pomadasys maculates (Bloch, 1793)

| 石鲈科 Pmadasyidae | 石鲈属 *Pomadasys* Lacépède, 1803 |

英 文 名：saddle grunter。

主要特征：背鳍XII-13～14；臀鳍III-7；胸鳍17；腹鳍I-5；尾鳍17。体侧扁，呈长椭圆形，背缘弧形隆起，腹缘略呈弧形。头中大。吻钝尖。口中大，端位；上颌稍长于下颌。颏部具一长而深的中央沟；颏孔1对。体被薄栉鳞，背鳍及臀鳍基部均具鳞鞘；侧线完整。背鳍1个，硬棘部及软条部间无明显缺刻；尾鳍内凹形。体呈银白色，背部呈银灰色，胸鳍以上有4条黑色斜带，背鳍硬棘部具黑色斑驳，背、尾鳍具黑缘，各鳍则黄色。

生活习性：暖水性近岸中下层鱼类，主要栖息于沿岸靠近礁石的砂泥底质水域；以小鱼、虾、甲壳类或砂泥底中的软体动物为主食。

主要分布：琼海博鳌。

种群数量：常见。

渔业利用：经济鱼类。

125. 突吻䱔 tūwěnlà

Rhynchopelates oxyrhynchus **(Temminck & Schlegel, 1842)**

䱔科 Terapontidae 吻䱔属 *Rhynchopelates* Fowler, 1931

英　文　名：thornfish。

主要特征：背鳍XII-10；臀鳍III-8；胸鳍13~14；腹鳍I-5；尾鳍17。体延长，侧扁，略呈椭圆形。背、腹缘呈弧状。吻尖。上颌突出于下颌。前鳃盖为锯齿状，主鳃盖骨有2根硬棘。体呈灰白色，腹部白色；体侧具有4条较粗的深褐色纵带，纵带间各有1条不明显的细褐带。背鳍1个，基底有1纵纹，硬棘部尖端皆具褐色斑块；软条部鳍条间具褐色斑，鳍膜微黄；胸鳍略长，鳍膜灰白带黄；尾鳍内凹，鳍条有褐色线纹，鳍膜淡黄褐色。

生活习性：近岸暖水性近底层鱼类，主要栖息于沿海及河口区，属于暖水性近底栖鱼类；偏肉食性，主要以小型水生昆虫及底栖的无脊椎动物为食。

主要分布：琼海博鳌。

种群数量：常见。

渔业利用：经济鱼类。

126. 细鳞鯻 xìlínlà

Therapon jarbua (orskål, 1775)

| 鯻科 Terapontidae | 鯻属 *Therapon* Cuvier, 1817 |

英 文 名：cresent grunter。

地 方 名：茂公、排九。

主要特征：背鳍XI-I-10；臀鳍III-8；胸鳍12~13；腹鳍I-5；尾鳍17。体背缘中间尖突如崤状，腹部圆凸。上、下颌等长。体被细栉鳞。体侧有3条成弓形的黑色纵走带，以腹部为弯曲点，最下面一条由头部起经尾柄侧面中央达尾鳍后缘中央；背鳍硬棘部第IV-VII棘间有1大型黑斑，软条部有2~3个小黑斑；尾鳍上下叶有斜走之黑色条纹。各鳍灰白色至淡黄色。

生活习性：近底层鱼类，主要栖息于沿海、河川下海及河口区，砂泥底质的底栖性鱼类；杂食偏肉食性，以小型鱼类、甲壳类及底栖无脊椎动物为食，也摄食一些藻类。

主要分布：琼海博鳌、朝阳。

种群数量：常见。

渔业利用：经济鱼类。

127. 四线列牙䱛 sìxiànlièyálà

Pelates quadrilineatus (Bloch, 1790)

䱛科 Terapontidae　　　　　　　　　　　　牙䱛属 *Pelates* Cuvier, 1829

英 文 名：trumpeter perch。

主要特征：背鳍XII-10；臀鳍III-10；胸鳍12~15；腹鳍I-5；尾鳍17。体长椭圆形，侧扁，背缘中线嵴状，腹缘圆钝。体被细小栉鳞，颊部及鳃盖上亦被鳞；背及臀鳍基部具弱鳞鞘。背鳍连续，硬棘部与软条部间具缺刻。体呈银白色，体背侧较暗。体侧具4条细长且互相平行的黄褐色纵带；背鳍起点前下方及鳃盖后上角具一不显黑斑；背鳍第IV–VIII间鳍膜具一大黑斑。各鳍灰白色至淡黄色。

生活习性：暖水性中小型鱼类，栖息于近海及河口咸淡水交界处；偏肉食性，主要以小型水生昆虫及底栖的无脊椎动物为食。

主要分布：琼海博鳌。

种群数量：常见。

渔业利用：经济鱼类。

128. 斑点鸡笼鲳 bāndiǎnjīlóngchāng

Drepane punctata (Linnaeus, 1758)

鸡笼鲳科 Drepanidae　　鸡笼鲳属 *Drepane* Cuvier & Valenciennes, 1831

英 文 名：spotted sicklefish。

主要特征：背鳍I，IX-20~21；臀鳍III-17~18；胸鳍17；腹鳍I-5；尾鳍17。体近菱形，侧扁而高。吻短；唇厚；颏部具颏须。眼间隔圆突。上下颌约等长，上颌达眼前缘下方。前鳃盖下缘具锯齿。体被圆鳞。体背浅蓝色，腹部浅色，体侧有深蓝色斑点，排列成数条横带，各鳍黄绿色，背鳍鳍条部具2纵行深色斑点。

生活习性：暖水性鱼类，属中下水层鱼类；杂食性，以底栖无脊椎动物为主食。

主要分布：琼海博鳌。

种群数量：罕见。

渔业利用：经济鱼类。

129. 银大眼鲳 yíndàyǎnchāng

Monodactylus argenteus (Linnaeus, 1758)

鲳鱼科 **Psettidae**　　　　　　　大眼鲳属 *Monodactylus* Lacépède, 1802

英 文 名：silver moonfish。

主要特征：背鳍VII~VIII-28~29；胸鳍17；腹鳍I-4；尾鳍17。体高而侧扁，卵圆形，或近圆形。口大，斜裂。体被小弱栉鳞，成鱼体呈银白色，幼鱼体呈银灰色，由项部斜过眼至喉部有1条暗褐色窄横带，背鳍与臀鳍的镰状突出部呈黑色，鳍条部分及尾鳍为淡黄色，尾鳍后缘为暗褐色。

生活习性：暖水性中小型鱼类，栖息于近岸河口附近水域，亦可进入淡水中；主要滤食浮游动物。

主要分布：琼海博鳌。

种群数量：常见。

130. 金钱鱼 jīnqiányú

Scatophagus argus (Linnaeus, 1766)

金钱鱼科 Scatohagidae　　金钱鱼属 *Scatophagus* Cuvier & Valenciennes, 1831

英 文 名：spotted scad。

地 方 名：金鼓鱼、金骨鱼。

主要特征：背鳍I，XI~XII-15~17；臀鳍IV-13~15；胸鳍16~18；腹鳍I-5；尾鳍17。头较小。上、下颌约等长，或下颌稍短。体被细小的栉鳞。成鱼身体褐色，腹缘银白色；体侧具大小不一的椭圆形黑斑；背鳍、臀鳍及尾鳍具有小斑点。幼鱼时体侧黑斑多而明显。

生活习性：暖水性中小型鱼类，栖息于近岸岩礁处，常进入河口区或淡水里；杂食性，主要以蠕虫、小型甲壳类、藻类碎屑等为食。

主要分布：琼海博鳌。

种群数量：常见。

渔业利用：经济鱼类。

注：背鳍硬棘有毒性

131. 大口汤鲤 dàkǒutānglǐ

***Kuhlia rupestris* (Lacepède, 1802)**

汤鲤科 Kuhliidae 　　　　　　　　　　　　　　**汤鲤属 *Kuhlia* Gill, 1861**

英文名：centropomus rupestris。

主要特征：背鳍X-9~11；臀鳍III-10~11。体延长而侧扁，呈纺锤形。头中大。吻长较眼径略短。体被中大型栉鳞；侧线完全而平直，仅于胸鳍上方略向上弯曲；背、臀鳍基部均具鳞鞘。背鳍1个，硬棘部和软条部间具缺刻；尾鳍凹形，上下叶端稍钝。体上部黄绿色而有银色光泽，下部银白色；成鱼体侧的每一鳞片均具黑褐色缘。各鳍淡黄色，背、鳍具不显之黑色缘；尾鳍上下叶各有1大型黑色斑点。

生活习性：生活于热带地区，为洄游性鱼类；肉食性，以小鱼、甲壳类及水生昆虫等为食。

主要分布：琼海嘉积、朝阳。

种群数量：偶见。

132. 莫桑比克口孵非鲫

mòsāngbǐkèkǒufūfēijì

Oreochromis mossambicus Peters, 1852

丽鱼科 Cichlidae　　　　　　　　口孵非鲫属 *Oreochromis* Günther, 1889

鲈形目 Perciformes
鲈亚目 Percoidei

英 文 名：african mouthbrooder。

地 方 名：越南鱼。

主要特征：背鳍XV~XVII-12~13；臀鳍III-10~12；胸鳍15；腹鳍I-5；尾鳍17。
体略呈长方形，头背缘隆起。体被大栉鳞。体色随环境而异，一般为灰黑色，或银灰而带有蓝色，背部较深，腹部则淡；鳃盖上缘具1蓝灰色斑点；一般体侧不具暗色横带，

生活习性：广盐性鱼类，能耐高盐度、低溶氧及混浊水，但耐寒力差；杂食性，以浮游生物、藻类、水生植物碎屑等为食。

主要分布：琼海博鳌。

种群数量：常见。

外来鱼类

133. 尼罗口孵非鲫

níluókǒufūfēijì

Oreochromis niloticus (Linnaeus, 1758)

丽鱼科 Cichlidae   口孵非鲫属 *Oreochromis* Günther, 1889

鲈形目 鲈亚目 Perciformes Percoidei

英 文 名：nile tilapia。

地 方 名：福寿鱼。

主要特征：背鳍XVII-12~14；臀鳍III-9；胸鳍13~14；腹鳍I-5；尾鳍17。体长卵圆形，尾柄较短。上、下颌几乎等长。体被弱栉鳞。体色随环境而变化，一般为暗褐色，背部暗绿，腹部银白；鳃盖上缘具一蓝灰色斑点；一般体侧具8~12条暗色横带。背、臀及尾鳍具许多灰色小点，尾鳍具多条垂直横纹；成熟雄鱼在生殖期间，体侧暗色横带消失，背和尾鳍具淡红色的鳍缘。

生活习性：食性广，幼鱼阶段吃浮游生物为主，也吃有机碎屑及小型底栖无脊椎动物；有很强的耐低氧能力，但其耐寒力很差。

主要分布：琼中和平、长征，琼海嘉积等地。

种群数量：常见。

外来鱼类

134. 红罗非鱼 hóngluófēiyú

无拉丁名

丽鱼科 Cichlidae

英 文 名：red tilapia。

地 方 名：彩虹鲷。

主要特征：体侧扁，背较高。口中等大，下颌稍长于上颌，无须。体被硬圆鳞，体色多样，红色、橘红色、粉红色、橘黄色等。

生活习性：杂食性，以浮游植物为主，也摄食浮游动物、底栖附着藻类、寡毛类、有机碎屑等。

主要分布：琼海嘉积、琼海万泉等地。

种群数量：偶见。

外来鱼类

135. 齐氏非鲫 qíshìfēijì

Coptodon zillii Gerwais, 1848

丽鱼科 Cichlidae　　　　　　　　　　　　　非鲫属 *Coptodon* Gervais, 1848

英 文 名：redbelly tilapia。

地 方 名：太阳非。

主要特征：背鳍XIV~XVI-10~13；臀鳍III-7~10。体呈椭圆形，侧扁，背部轮廓隆起。体色随环境而异，一般为暗褐色而带虹彩，背部较暗，下腹部暗红色，鳃盖上缘有1蓝灰色斑点，体侧具有7~8条暗色横带，背、臀及尾鳍具黄斑，背鳍软条部具一黑色圆斑。

生活习性：对环境适应性很强，能耐污染、低溶氧及浑浊水；杂食性，以浮游生物、藻类、水生植物碎屑、腐殖质及小型动物等为食，不口孵，巢穴产卵。

主要分布：琼中和平，琼海嘉积等地。

种群数量：常见。

外来鱼类

136. 伽利略帚齿非鲫

gālìlüèzhǒuchǐfēijì

Sarotherodon galilaeus (Linnaeus, 1758)

丽鱼科 Cichlidae	帚齿非鲫属 *Sarotherodon* Rüppell, 1852

英　文　名：mango tilapia。

地　方　名：福寿鱼。

主要特征：背鳍XV~XVII-12~13；臀鳍III-9~11；胸鳍14。体呈椭圆形，侧扁，吻圆钝，唇厚。体被大栉鳞，头部除吻部和颊部外均被鳞。背鳍单一，无缺刻，背鳍无斑点或条纹，背鳍硬棘条数14~16。鳃盖斑终身存在，体侧有5~7个不完全连续的黑色横纹。尾鳍无斑点，无条纹。

生活习性：对环境适应性很强，能耐污染、低溶氧及浑浊水；杂食性。

主要分布：琼海博鳌。

种群数量：偶见。

外来鱼类

137. 布氏奇非鲫 bùshìqífēijì

Heterotilapia buttikoferi (Hubrecht, 1881)

丽鱼科 Cichlidae　　　　　　　　　　奇非鲫属 *Heterotilapia* Regan, 1920

英 文 名：zebra tilapia。

地 方 名：十间鱼。

主要特征：体呈纺锤形，腹鳍较长。呈淡黄色，色彩鲜艳，体色灰白，体表从眼睛到尾鳍约有8~10条暗黑色环带绕身。

生活习性：攻击性强，偏肉食性。

主要分布：琼海万泉、嘉积。

种群数量：少见。

外来鱼类

138. 花身副丽鱼 huāshēnfùlìyú

***Parachromis managuensis* (Günther, 1867)**

丽鱼科 Cichlidae   副丽鱼属 *Parachromis* Agassiz, 1859

英 文 名：jaguar guapote。

地 方 名：淡水石斑。

主要特征：体侧扁而呈椭圆形。头小而吻稍大。口上位，下颌长于上颌而且略为上突。唇厚，且上颌稍可伸缩。体被大型鳞，颊部亦被鳞。成鱼体表略带黄色，体色随外界水环境及生殖期间起适应性变化。繁殖时，雄鱼体色较黑，雌鱼体色较淡，并带有黄色，腹鳍胸位，尾鳍圆形，幼鱼眼眶为红色，成鱼眼眶为银黄色。鳞片为圆鳞，较大，侧线鳞断续。

生活习性：栖息于水生植物丛生与砂质底的偏中性温水环境；为凶猛肉食性鱼类，以小鱼为食。

主要分布：琼中湾岭，琼海嘉积等地。

种群数量：常见。

外来鱼类

139. 厚唇双冠丽鱼

hòuchúnshuāngguànlìyú

Amphilophus labiatus (Günther, 1864)

丽鱼科 Cichlidae　　　　　双冠丽鱼属 *Amphilophus* Agassiz, 1859

英　文　名：jaguar guapote。

地　方　名：红魔鬼。

主要特征：背鳍XVI~XVIII- 11~12。嘴唇厚实上翘。幼体体色通常为橘黄或浅黄色，眼睛略带些红色。成体的体色或许会受到食性的影响而逐渐转变为鲜红，部分雄鱼的背颈会突出隆起，成熟体型粗短而宽厚。少部分鱼体的全鱼或是体侧上半部与头顶有一些明显的不规则色斑，此疑似为野生型的常见特征。

生活习性：对环境的适应性很强，能耐污染、低溶氧及混浊水；繁殖能力强，生长快速；杂食性，主要摄食小鱼与大型无脊椎动物。

主要分布：琼海石壁、会山。

种群数量：偶见。

140. 鹦鹉鱼 yīngwǔyú

无拉丁名

丽鱼科 Cichlidae

地方名：血鹦鹉、黄鹦鹉。

主要特征：体呈长圆形，甚侧扁。头短而高，背缘呈锐嵴状，口中大，前位。体色
绚丽，一般为红色和黄色。

生活习性：杂食性鱼类。

主要分布：琼海会山、石壁。

种群数量：少见。

外来鱼类

141. 弯角鰧 wānjiǎoxián

Callionymus curvicornis Valenciennes, 1837

鰧科 Callionymidae　　　　　　　　**鰧属 *Callionymus* Linnaeus, 1758**

英 文 名：dragonet。

主要特征：背鳍IV，9；臀鳍9；胸鳍19~20；腹鳍I-5；尾鳍12。体向后渐细，尾柄细长，头背视三角形。体背侧淡黄褐色，有蓝白色斑点。雄鱼体侧呈银色，具许多深蓝色垂直条纹，背部具许多小白点；雄鱼颊部具蓝色条纹及斑；雄鱼第一背鳍稍透明，鳍膜具弯曲的白条纹，皆具黑缘；雌鱼第一背鳍淡色，第III棘膜具一白缘的黑色眼斑；雄、雌鱼第二背鳍皆具许多白点；臀鳍淡色，具宽黑缘；尾鳍上半部具黑点及少许垂直白线，下半部则为暗色区域。

生活习性：暖水性底层小型鱼类，栖息于河口咸淡水水域，也见于沿岸浅水处；以底栖生物为食。

主要分布：琼海博鳌。

种群数量：罕见。

142. 海南新沙塘鳢

hǎinánxīnshātánglǐ

Neodontobutis hainanensis (Chen, 1985)

沙塘鳢科 **Odontobutidae** 新沙塘鳢属 *Neodontobutis* Chen, Kottela & Wu, 2002

地 方 名：短塘鳢。

主要特征：背鳍VIII，I-9~10；臀鳍I-8~9；胸鳍14~15；腹鳍I-5；尾鳍16~17。
体颇侧扁，背、腹缘浅弧形隆起，吻尖突。全身除吻部无鳞外，头部、
项部、胸腹部均被圆鳞。头及体背侧灰棕色，密布许多细小的暗褐色斑
点，腹部灰白色，眼周有5条由暗褐色斑点组成的辐状短纹，体侧有5
条褐色的宽横带，鳃盖骨后上角至胸鳍基上方有1个大紫斑。

生活习性：生活于山溪的小型鱼类；肉食性。

主要分布：琼海石壁。

种群数量：偶见。

濒危状况：中国脊椎动物红色名录易危物种。

143. 中华乌塘鳢 zhōnghuáwūtánglǐ

***Bostrychus sinensis* Lacépède, 1801**

英 文 名：four-eyed sleeper。

主要特征：背鳍Ⅵ，Ⅰ-10~11；臀鳍Ⅰ-9~10；胸鳍17~18；腹鳍Ⅰ-5；尾鳍18~20。体延长，身体前部呈圆筒形，后则逐渐侧扁。背缘、腹缘微微隆起，尾柄较长。头中大，吻端钝。上、下颌约等长，或下颌稍突向前方。体及头部均被小圆鳞。体褐色或有暗褐色斑纹，腹面浅褐色，尾鳍基部上端有1个带有白边的大型黑色眼状斑，尾鳍有暗色横纹。

生活习性：栖居于近海河口咸淡水沿岸或滩涂洞穴内，可进入淡水中；肉食性，摄食小鱼、虾蟹类、水生昆虫和贝类。

主要分布：琼海博鳌。

种群数量：常见。

渔业利用：经济鱼类。

144. 云斑尖塘鳢 yúnbānjiāntánglǐ

Oxyeleotris marmorata (Bleeker, 1852)

塘鳢科 Eleotridae　　　　　　　　尖塘鳢属　*Oxyeleotris* Bleeker, 1874

英 文 名：marbled sleeper。

地 方 名：笋壳鱼。

主要特征：背鳍VI，I-9；臀鳍I-8；胸鳍16~18；腹鳍1-5。体延长，粗壮，前部亚圆筒形。口大斜裂，下颌突出于上颌。体被栉鳞。头部及体侧为深褐色，腹部浅色；头部在眼睛后方隐约具有2~3条呈放射状的纵纹；体侧具云纹状斑块及不规则横带；尾鳍基部具有三角形的大褐斑。各鳍为浅褐色，背鳍、臀鳍、腹鳍及尾鳍上各有许多黑色条纹；胸鳍基部的上、下方通常具有1个褐色斑。

生活习性：暖水性中大型底层鱼类；肉食性，攻击性强，摄食其他小型鱼类，或虾、蟹等无脊椎动物。

主要分布：琼中湾岭，琼海石壁等地。

种群数量：常见。

外来鱼类

145. 黑体塘鳢 hēitǐtánglǐ

Eleotris melanosoma Bleeker, 1853

塘鳢科 Eleotridae | 塘鳢属 *Eleotris* Bloch & Schneider, 1801

鲈形目 Perciformes
虾虎鱼亚目 Gobioidei

英 文 名：black gudgeon。

主要特征：背鳍Ⅵ，Ⅰ-8~9；臀鳍Ⅰ-8~9；胸鳍16~17；腹鳍Ⅰ-5；尾鳍18~20。体由前向后渐侧扁，尾柄较高。颊部及鳃盖常被小圆鳞。头部及体侧为红褐色至黑褐色，腹侧浅色；头部自吻经眼睛至鳃盖上方及脸颊自眼睛后至前鳃盖骨各有1黑色线纹，时有时无。在胸鳍基部的上方常具有1个黑色斑块；腹鳍淡色；背鳍、臀鳍、尾鳍为灰褐色，鳍上有多条由黑色斑点排列组成的条纹。

生活习性：暖水性淡水中小型底层鱼类，喜欢栖息于泥沙、杂草和碎石相混杂的浅水区；肉食性，摄食小鱼、小虾、水蚯蚓、摇蚊幼虫、水生昆虫和甲壳类。

主要分布：琼海博鳌、朝阳。

种群数量：常见。

146. 尖头塘鳢 jiāntóutánglǐ

Eleotris oxycephala Temminck & Schlegel, 1845

塘鳢科 **Eleotridae** | 塘鳢属 *Eleotris* Bloch & Schneider, 1801

鲈形目 虾虎鱼亚目 Gobioidei Perciformes

英 文 名：sleeper。

主要特征：背鳍VI，I-8~9；臀鳍I-8~9；胸鳍16~18；腹鳍I-5；尾鳍21~22。尾柄长而高，头宽钝。颊部及鳃盖常被小圆鳞。体棕黄色，微灰。体色呈黄褐色而带一些灰色，自鳃盖至尾鳍基部隐约具有1条黑色纵带及一些不规则的云状小黑斑；头部为青灰色，自吻端经眼睛至鳃盖的上方有1黑色条纹，脸颊自眼后到前鳃盖骨也有1黑色细纹。胸鳍呈棕黄色，胸鳍基部的上、下方各有1个小黑斑；背鳍、腹鳍和臀鳍为灰色，鳍上有数列黑色点形成的纵列；尾鳍灰色，上面散布有许多白色小点，而边缘呈浅棕色。

生活习性：暖水性小型底层鱼类；肉食性，摄食小鱼、沼虾、淡水壳菜蛤、蚬、蠕虫及其他水生动物。

主要分布：琼海嘉积、朝阳。

种群数量：常见。

147. 锯嵴塘鳢 jùjítánglǐ

Butis koilomatodon (Bleeker,1849)

塘鳢科 **Eleotridae**　　　　　　　　嵴塘鳢属 *Butis* Bleeker, 1874

鲈形目 **Perciformes** 虾虎鱼亚目 Gobioidei

英 文 名：marblecheek sleeper。

主要特征：背鳍VI，I-8~9；臀鳍I-7~8；胸鳍20~22；腹鳍I-5；尾鳍15~16。体延长，前部亚圆筒形，后部侧扁。下颌稍长于上颌。体被较大栉鳞，头及体灰褐色，腹面浅色，体侧具6条暗色宽横带，胸鳍浅灰色，基部有1黑色圆斑，腹鳍黑色，尾鳍灰黑色。

生活习性：暖水性小型鱼类，栖息于河口、海滨礁石或退潮后残存的小水洼中；摄食小型甲壳类。

主要分布：琼海博鳌。

种群数量：常见。

148. 嵴塘鳢 jítánglǐ

Butis butis (Hamilton, 1822)

塘鳢科 Eleotridae	嵴塘鳢属 *Butis* Bleeker, 1874

英文名：duckbill sleeper。

主要特征：背鳍VI，I-8；臀鳍I-8；胸鳍18；腹鳍I-5；尾鳍16。体后部侧扁，背缘弧形隆起，腹面较平直，尾柄较长，嵴缘有细弱锯齿。体被大栉鳞。头及体灰褐色，腹面浅色。体侧鳞片灰褐色，每枚鳞片常有1个淡色斑点，在体侧形成许多纵行点纹，头部自吻端经眼至鳃盖骨中部有1根黑纵纹，鳃盖膜灰黑色，尾鳍灰黑色，有数行浅色小斑，腹鳍黑色，胸鳍基部有1个黑斑，黑斑上、下方各有1个白斑。

生活习性：暖水性小型鱼类，栖息于河口及附近浅水处；主要以小型鱼类、甲壳类等动物为食。

主要分布：琼海博鳌。

种群数量：常见。

149. 拉氏狼牙虾虎鱼
lāshìlángyáxiāhǔyú
Odontamblyopus rubicundus (Hamilton,1822)

鳗虾虎鱼科 Taenioidae 　　狼牙虾虎鱼属 *Odontamblyopus* Bleeker, 1874

英 文 名：rubicundus eelgoby。

主要特征：背鳍VI-38~41；臀鳍I-37~39；胸鳍42~46；腹鳍I-5；尾鳍16~17。体略呈带状。头大，略呈长方形。吻端，中央稍凸出，前端宽圆。眼极小，退化。背鳍起点在胸鳍基部后上方，鳍棘细弱，鳍条后方与尾鳍相连，臀鳍与背鳍鳍条同形。体淡红色或灰紫色，背鳍、臀鳍、尾鳍黑褐色。

生活习性：暖温性底栖鱼类，栖息于底质为泥或泥沙的咸淡水交汇的河口或浅海区，偶尔也进入淡水区；以浮游植物为饵。

主要分布：琼海博鳌。

种群数量：罕见。

150. 须鳗虾虎鱼 xūmánxiāhǔyú

Taenioides cirratus (Blyth, 1860)

鳗虾虎鱼科 Taenioidae　　　　　　　　　**鳗虾虎鱼属 *Taenioides* Lacépède, 1798**

英 文 名：hooghly gobyeel。

主要特征：背鳍Ⅵ-40～43；臀鳍Ⅰ-40～41；胸鳍14～16；腹鳍Ⅰ-5；尾鳍16。体颇为延长，前半部呈圆筒形，后部渐侧扁。体裸露无鳞。体侧有数十个乳突状黏液孔。背鳍后端有1缺刻，不与尾鳍相连，臀鳍与背鳍同形，胸鳍宽圆，后缘完整。体红色带蓝灰色，腹部浅色，尾鳍黑色，其余各鳍灰色。

生活习性：暖水性小型鱼类，栖息于泥质的底质环境，常隐于洞穴中；属杂食性，以有机碎屑、小型鱼虾等为食；有微毒。

主要分布：琼海博鳌。

种群数量：常见。

151. 孔虾虎鱼 kǒngxiāhǔyú

Trypauchen vagina (Bloch & Schneider, 1801)

鳗虾虎鱼科 Taenioidae　　孔虾虎鱼属 *Trypauchen* Cuvier & Valenciennes, 1837

英　文　名：burrowing goby。

主要特征：背鳍VI-48~52；臀鳍I-46~49；胸鳍20~21；腹鳍I-5；尾鳍16~17。体背、腹缘几乎平直，近尾端渐细小。头侧扁，头顶正中在眼后方有1条棱状纵嵴。 体被有小圆鳞，头部以及背前区皆裸露无鳞。背鳍相连，后部与尾鳍相连。臀鳍与背鳍同形，亦连至尾鳍。胸鳍、腹鳍略小，腹鳍呈吸盘状，后缘无缺刻。尾鳍尖而长。体色呈暗红色或紫红色。各鳍暗红色而透明。

生活习性：生活在热带地区，喜栖息红树林、河口、内湾的泥滩地，属广盐性鱼类，常隐身于洞穴中；杂食性，以有机碎屑及小型无脊椎动物为食。

主要分布：琼海博鳌。

种群数量：常见。

152. 金黄舌虾虎鱼

jīnhuángshéxiāhǔyú

Glossogobius aureus Akihito & Meguro, 1975

虾虎鱼科 Gobiidae	舌虾虎鱼属 *Glossogobius* Gill, 1862

英 文 名：golden tank goby。

地 方 名：狗母鱼。

主要特征：背鳍Vl，I-9；臀鳍I-8；胸鳍18~19；腹鳍I-5；尾鳍18~19。体前近圆筒形。吻稍尖，下颌突出于上颌。头部在眼后方被鳞。头及体灰褐色，背部深色，隐布数个深褐色的横斑，腹部浅棕色，体侧中部有数个较大的黑斑，眼后及背鳍前方无黑斑，胸鳍基部下方常隐有1个暗斑，腹鳍和臀鳍浅棕色。

生活习性：暖水性底层小型鱼类，栖息于河口咸淡水水域，也生活于江河下游淡水中。

主要分布：琼海朝阳、博鳌。

种群数量：常见。

153. 西里伯舌虾虎鱼

xīlǐbóshéxiāhǔyú

Glossogobius celebius (Valenciennes, 1837)

虾虎鱼科 Gobiidae 　　　　　　　　　　　　　舌虾虎鱼属 *Glossogobius* Gill, 1862

英 文 名：celebes goby。

地 方 名：狗母鱼。

主要特征：背鳍Ⅵ，I-9；臀鳍I-8；胸鳍18~19；腹鳍I-5；尾鳍16~18。体前部
　　　　　近圆筒形。吻尖突。下颌稍长于上颌。体被中等大的栉鳞。头及体灰褐
　　　　　色，背部色深，眼前下方至上颌具1条深色斜带。

生活习性：近海暖水性中小型底层鱼类，喜栖息于河口砂泥底质的淡水水域；肉食
　　　　　性，大多以小型鱼类、甲壳类、无脊椎动物为食。

主要分布：琼海博鳌、朝阳。

种群数量：常见。

渔业利用：经济鱼类。

154. 舌虾虎鱼 shéxiāhǔyú

Glossogobius giuris (Hamilton, 1822)

虾虎鱼科 Gobiidae	舌虾虎鱼属 *Glossogobius* Gill, 1862

英 文 名：tank goby。

地 方 名：狗母鱼。

主要特征：背鳍Vl，I-9~10；臀鳍I-8~9；胸鳍17~18；腹鳍I-5；尾鳍14~16。体前部近圆筒形。下颌稍长于上颌。体被中等大的栉鳞。头及体灰褐色，背部色深，隐布数个褐色的横斑，体侧沿中轴有5个黑色的斑块。背侧具有4~5个褐色的斑块。体侧具有5~6个黑色纵纹。头部棕色，眼前下方至上颌有1条黑褐色的线纹，颊部具褐色的斑块。第二背鳍具2~3条褐色点纹。胸鳍基部有2灰黑色的平行短纹。尾鳍具黑色斑点。

生活习性：近海暖水性底层鱼类，一般生活于浅海滩涂、海边礁石以及河口咸淡水或淡水中；肉食性鱼类，大多以小型鱼类、甲壳类及无脊椎动物等为食。

主要分布：琼海嘉积、琼海朝阳。

种群数量：偶见。

155. 斑纹舌虾虎鱼

bānwénshéxiāhǔyú

Glossogobius olivaceus (Temminck & Schelgel, 1845)

虾虎鱼科 Gobiidae	舌虾虎鱼属 *Glossogobius* Gill, 1862

英 文 名：goby。

地 方 名：狗母鱼。

主要特征：背鳍Vl，I-9；臀鳍I-8；胸鳍18~19；腹鳍I-5；尾鳍16~18。体背、腹缘较平直，尾柄较高。下颌长于上颌。头部在眼的后方被鳞，鳃盖上部被小鳞。头及体棕黄色，腹部白色，体侧中部有数个大黑斑，背侧有数条灰色宽阔横斑，眼后项部有4群小黑斑列成2行，背部在背鳍前方附近有2个横行黑点，胸鳍基部有2个灰黑斑。

生活习性：暖水性底层小型鱼类，栖息于河口咸淡水及江河下游淡水中，也见于近岸滩涂处；摄食虾类和幼鱼。

主要分布：琼海博鳌。

种群数量：常见。

156. 黑首阿胡虾虎鱼

hēishǒuāhúxiāhǔyú

Awaous melanocephalus (Bleeker, 1849)

虾虎鱼科 Gobiidae 　　　　阿胡虾虎鱼属 *Awaous* Guvier & Valenciennes, 1837

英 文 名：largesnout goby。

主要特征：背鳍Ⅵ，I-10；臀鳍I-9~10；胸鳍16~18；腹鳍I-5；尾鳍16~18。体背、腹缘浅弧形隆起，尾柄较高。吻长而突出。吻及颊部无鳞，鳃盖骨上部有小鳞。头、体灰棕色，腹部浅棕色，体侧中部有6~7个灰黑色的斑块，最后斑块在尾鳍基部中央，较大，体背侧有许多云状的不规则小斑，眼的前下方有2条黑色条纹，向前伸达上颌。胸鳍基部的上方有1斑块；背鳍、尾鳍皆具有6~9列的黑褐色点纹；腹鳍、臀鳍呈灰白色。

生活习性：栖息在河口区半淡咸水至中下游的淡水域中，底栖性鱼种；多以小型鱼类、底栖无脊椎动物为食。

主要分布：琼海朝阳、石壁等地。

种群数量：少见。

157.睛斑阿胡虾虎鱼

jīngbānāhúxiāhǔyú

Awaous ocellaris (Broussonet, 1782)

虾虎鱼科 Gobiidae	阿胡虾虎鱼属 *Awaous* Guvier & Valenciennes, 1837

英 文 名：eyespotted Goby。

主要特征：背鳍Vl，I-10；臀鳍I-10；胸鳍17。体背、腹缘浅弧形隆起。吻长而突出。体被弱栉鳞，头部及项部被圆鳞。头、体灰棕色，腹部浅棕色，体侧中部有6~7个灰黑色的斑块，最后斑块在尾鳍基部中央，较大，体背侧有许多云状的不规则小斑，第一背鳍有3~4条黑色的纵纹，后部有1黑色的眼状斑；第二背鳍及尾鳍各具黑褐色点状斑。

生活习性：暖水性底层小型鱼类，栖息于淡水河川中，上溯河川的能力颇强；以水生昆虫为食，也啃食藻类。

主要分布：琼海嘉积。

种群数量：偶见。

158. 纵带鹦虾虎鱼
zòngdàiyīngxiāhǔyú
Exyrias puntang (Bleeker, 1851)

英 文 名：puntang goby。

主要特征：背鳍Ⅵ，I-10；臀鳍I-9；胸鳍17；腹鳍I-5；尾鳍3+17+2。体延长，粗壮而高。体被较大栉鳞。体色呈淡棕色或褐色。体侧具有数道窄而长且延伸至腹侧的深色横带。体侧散布有亮青色色斑。背鳍与尾鳍鳍膜黄色，第一背鳍具有5~6列的黑色带，第二背鳍具有3~4列黑色带。尾鳍有许多列红褐色或黑褐色的斑纹。眼中部下方至口角处有1条灰色条纹。

生活习性：为暖水性小型底栖鱼类，生活于河口咸淡水区；杂食性，主要以水中的小型鱼虾或小型无脊椎动物为食。

主要分布：琼海博鳌。

种群数量：常见。

159. 眼瓣沟虾虎鱼

yǎnbàngōuxiāhǔyú

Oxyurichthys ophthalmonema (Bleeker, 1856)

虾虎鱼科 **Gobiidae**　　　　　　沟虾虎鱼属 *Oxyurichthys* **Bleeker, 1860**

鲈形目 Perciformes　虾虎鱼亚目 Gobioidei

英 文 名：eyebrow goby。

主要特征：体延长，侧扁，背、腹缘几乎平直，尾柄较高。眼上缘后方有1灰色触角状皮瓣。口大，斜裂，下颌较上颌突出。体被弱栉鳞。头及体灰棕色，腹部浅色，体侧隐有5个暗斑，排列成1纵行，腹鳍灰黑色，其余各鳍浅灰色。

生活习性：暖水性底层小型鱼类，栖息于河口咸淡水处及沿岸滩涂礁石处，不喜活动；偏肉食性，以小型鱼类、甲壳类及其他无脊椎动物为食。

主要分布：琼海博鳌。

种群数量：常见。

160. 小鳞沟虾虎鱼

xiǎolíngōuxiāhǔyú

Oxyurichthys microlepis (Bleeker, 1849)

虾虎鱼科 Gobiidae	沟虾虎鱼属 *Oxyurichthys* Bleeker, 1860

英 文 名：maned goby。

主要特征：背鳍VI，I-12；臀鳍I-12；胸鳍16~18；腹鳍I-5；尾鳍16~18。体背、腹缘几乎平直，尾柄较高。体后部被较大的弱栉鳞。头、体灰棕色，腹部浅色，体侧及背部隐有多个不规则的紫褐色斑块，尾鳍有多行暗色的小斑，体背及项部鳞片的边缘深棕色，眼的虹彩上部有1个黑色的三角形斑。

生活习性：暖水性的底层小型鱼类，栖息于河口咸淡水水域及沿岸滩涂礁石处；以小型鱼虾、其他无脊椎动物为食。

主要分布：琼海博鳌。

种群数量：常见。

161. 尖鳍寡鳞虾虎鱼

jiānqíguǎlínxiāhǔyú

Oligolepis acutipinnis (Valenciennes, 1837)

虾虎鱼科 Gobiidae	寡鳞虾虎鱼属 *Oligolepis* Bleeker, 1874

英 文 名：sharptail goby。

主要特征：背鳍Ⅵ，I-10；臀鳍I-11～12；胸鳍18～20；腹鳍I-5；尾鳍16～18。体背缘浅弧形隆起，腹缘稍平直。上下颌约等长。体前部被较大的薄圆鳞，后部被大栉鳞。背鳍鳍棘柔软且呈丝状延长。头及体灰棕色，背部深色，腹部浅色，体侧隐有1纵列约10余个不规则的小斑块，项部及背部侧隐有若干云纹状斑纹，头部自眼中部至上颌骨后端有1根黑色条纹。

生活习性：暖水性的底层小型鱼类，栖息于沙泥底的栖地环境里；杂食性，多半以有机碎屑、小鱼、小虾及无脊椎动物为食。

主要分布：琼海朝阳、博鳌。

种群数量：常见。

162. 雷氏蜂巢虾虎鱼

léishìfēngcháoxiāhǔyú

Favonigobius reichei (Bleeker, 1854)

虾虎鱼科 Gobiidae	蜂巢虾虎鱼属 *Favonigobius* Whitley, 1930

英 文 名：tropical sand goby。

鉴别特征：背鳍Ⅵ，I-8；臀鳍I-7；胸鳍17；腹鳍I-5。体被中大型栉鳞，后部鳞片较大。第一背鳍第二鳍棘最长，呈丝状。体色呈淡棕色，体侧中央有5个排成1列的黑色斑块，最后一个斑块位于尾鳍基部；各斑块则由2个圆形斑组成。体侧散布有褐色的斑点，以背侧较为细密。眼下有1斜前往上颌上缘的褐色线纹。背鳍及尾鳍具有数列黑褐色的细点。胸鳍灰白，鳍基部上方具有1黑斑。

生态习性：暖水性的底层小型鱼类，喜栖息于沿岸沙泥底或河口水域；杂食性，多半以有机碎屑、小鱼、虾、蟹及其他无脊椎动物为食。

主要分布：琼海博鳌。

种群数量：常见。

左侧边栏： 鲈形目 Perciformes 虾虎鱼亚目 Gobioidei

163. 爪哇拟虾虎鱼

zhǎowānǐxiāhǔyú

Pseudogobius javanicus (Bleeker, 1856)

虾虎鱼科 Gobiidae	拟虾虎鱼属 *Pseudogobius* Popta, 1922

英 文 名：goby。

鉴别特征：背鳍Vl，I-7；臀鳍I-7；胸鳍15～17。体型略延长，前方圆钝而后部侧扁。头中大，眼大且位置高。头部及躯体底色为浅黄褐色或浅黄色，体侧中间区域有5个形状破碎的水平分布的黑色或黑褐色斑块。第一背鳍后缘基部的位置具有1条略往前倾斜的黑色粗横纹，往下延伸至体侧下缘区域。体鳞具有黑褐色边缘，腹面为淡黄白色。眼窝下方具有1条黑褐色粗条纹，往下倾斜延伸至颊部的下缘，眼窝前缘下方另外有1条黑褐色粗条纹，往前倾斜延伸至吻部的前缘。胸鳍基部的中上方区域具有1个黑褐色斑块。

生态习性：暖水性的底层小型鱼类。

主要分布：琼海博鳌。

种群数量：偶见。

164. 子陵吻虾虎鱼
zǐlíngwěnxiāhǔyú
Rhinogobius giurinus (Rutter, 1897)

虾虎鱼科 Gobiidae　　　　　　　吻虾虎鱼属 *Rhinogobius* T. N. Gill, 1859

主要特征：背鳍Vl，I-8~9；臀鳍I-9；胸鳍17；腹鳍I-5；尾鳍16~17。项部有小鳞。吻部、颊部、头部腹面及鳃盖均无鳞。体青灰色，腹部白色，体侧有6~7个不规则的黑色斑块，吻部、颊部及鳃盖均密布多条虫状细纹，胸鳍基部上方有1个黑斑，腹鳍浅色，尾鳍有1个半月形黑斑。

生活习性：多栖于江河、湖泊、水库及池塘的沿岸浅滩；摄食小鱼、小虾、水生昆虫、水生环节动物、浮游动物及藻类等；并有同类残食现象，4—6月为繁殖期，受精卵以黏丝附着。

主要分布：琼中和平，琼海嘉积等地。

种群数量：常见。

165. 溪吻虾虎鱼

xīwěnxiāhǔyú

Rhinogobius duospilus (Herre, 1935)

虾虎鱼科 Gobiidae　　　　　　　　　吻虾虎鱼属 *Rhinogobius* T. N. Gill, 1859

鲈形目 Perciformes
虾虎鱼亚目 Gobioidei

主要特征：背鳍Ⅵ，I-8；臀鳍I-7~8；胸鳍17~18；腹鳍I-5；尾鳍17~18。体有小圆鳞，项部前方无鳞。头及体灰褐色，腹部浅色。体侧有6个暗色斑块列成1纵行，最后斑块在尾鳍基底中部，头部在吻端经眼至鳃盖后上方有1根暗色纵纹，颊部有3根斜向后下方的暗色条纹，伸达前鳃盖骨下方，头部腹面鳃盖膜密布浅色的小圆点，胸鳍基部有2个小黑斑，臀鳍黑色，边缘浅色。

生活习性：暖水性底层小型鱼类，栖息于海南岛各淡水河川中，个体小。

主要分布：琼中湾岭，琼海石壁等地。

种群数量：少见。

166. 陵水吻虾虎鱼

língshuǐwěnxiāhǔyú

***Rhinogobius lingshuiensis* Chen, Miller, Wu & Fang, 2002**

虾虎鱼科 Gobiidae　　　　　　　　　　吻虾虎鱼属 *Rhinogobius* T. N. Gill, 1859

主要特征： 背鳍Vl，I-8；臀鳍I-7~8；胸鳍15~16；腹鳍I-5。体被中大栉鳞，头的吻部、颊部及鳃盖部无鳞。体侧无明显黑色横斑，但具2纵行红色小斑。颊部和鳃盖骨乳白色，但具2纵行红点。颊部中间和鳃盖中部具1纵行灰色条纹。胸鳍暗灰色或浅色，基部具2个小黑斑。

生活习性： 为生活于河溪中的小型底层鱼类。

主要分布： 琼海会山。

种群数量： 偶见。

167. 李氏吻虾虎鱼

lǐshìwěnxiāhǔyú

Rhinogobius leavelli (Herre, 1935)

虾虎鱼科 Gobiidae　　　　　　　　吻虾虎鱼属 *Rhinogobius* T. N. Gill, 1859

英 文 名：leavell's goby。

主要特征：背鳍Ⅵ，I-8；臀鳍I-8；胸鳍16~18；腹鳍I-5；尾鳍17~18。体前部近圆筒形，后部侧扁。上下颌几乎等长。头部及项部前方无鳞。头、体浅灰色或暗灰色，体侧隐布3~5个暗灰色或黑色斑块，每一鳞片后缘橘黄色或褐黄色，头部有橘黄色或褐黄色点纹，眼前至吻背前端有1根橘色细纹，尾鳍基有1条橘色的宽横纹，尾鳍有7~8条暗横带。

生活习性：暖水性底层小型鱼类，栖息于淡水河川中，个体小。

主要分布：琼中湾岭，琼海会山等地。

种群数量：常见。

168. 万泉河吻虾虎鱼

wànquánhéwěnxiāhǔyú

Rhinogobius wanchuagensis Chen, Miller, Wu & Fang, 2002

主要特征：背鳍VI，I-7~8；臀鳍I-5~8；胸鳍15~16；腹鳍I-5。体被中大栉鳞，头的吻部、颊部及鳃盖部无鳞。背鳍前鳞区的后部具小圆鳞。头、体呈浅色，体侧具7~8条长方形黑灰色的宽横带，背侧由项部至尾柄部具5个灰色斑块。体侧鳞片末端无暗色边缘，腹部色浅或亮黄色。颊部下缘具2个卵圆形的黑色圆斑。

生活习性：河、溪小型底层鱼类。

主要分布：琼海石壁。

种群数量：偶见。

169. 三更罗吻虾虎鱼

sāngèngluówěnxiāhǔyú

Rhinogobius sangenloensis Chen & Miller, 2014

虾虎鱼科 Gobiidae　　　　　　　　吻虾虎鱼属 *Rhinogobius* T. N. Gill, 1859

主要特征：背鳍Vl，I-8~9；臀鳍I-7~8。身体细长。上颌稍突出，嘴斜，颊部和鳃盖骨乳白色，但具1纵行橘红点。颊部中间和鳃盖中部具1纵行灰色条纹。鳃孔从鳃盖中部垂直延伸。

生活习性：为生活于河溪中的小型底层鱼类。

主要分布：琼海会山。

种群数量：偶见。

170. 眼带狭虾虎鱼

yǎndàixiáxiāhǔyú

Stenogobius ophthalmoporus **(Bleeker, 1853)**

虾虎鱼科 Gobiidae	狭虾虎鱼属 *Stenogobius* Bleeker, 1874

英文名：eye-band goby。

主要特征：背鳍Vl，I-10；臀鳍I-11~12；胸鳍18~20；腹鳍I-5；尾鳍16~18。体背、腹缘较平直，尾柄较高。上颌稍突出。体及鳃盖被弱栉鳞，背鳍前方无裸露区。体灰褐色，腹部浅色，体侧有7~9条灰黑色的横带，有时横带不显著，呈云状斑块，眼中部下方有1条灰黑色的纵纹，胸鳍上方的基部有1个长形黑斑。

生活习性：暖水性底层小型鱼类；以小型脊椎与无脊椎动物为食。

主要分布：琼海博鳌。

种群数量：常见。

171. 多鳞枝牙虾虎鱼

duōlínzhīyáxiāhǔyú

Stiphodon multisquamus Wu & Ni, 1986

虾虎鱼科 Gobiidae　　　　　　　　枝牙虾虎鱼属 *Stiphodon* Weber, 1895

英 文 名：morescaled goby。

主要特征：背鳍Vl，I-10；臀鳍I-8；胸鳍15~16；腹鳍I-5；尾鳍18~20。体背、腹缘较平直，尾柄中等长。头颇大。吻伸越上颌的前方。头及体灰棕色，腹部淡白色。体侧无纵带或有2条灰褐色的纵带。体背侧有10条灰褐色的横纹。背鳍及臀鳍灰色，胸鳍有7条暗色横纹，腹鳍浅色，尾鳍有6条波状暗色横纹。

生活习性：暖水性小型鱼类，栖息于有清澈流水、砂和砾石底质的溪流中。

主要分布：琼海嘉积、朝阳。

种群数量：常见。

濒危状况：中国脊椎动物红色名录濒危物种。

172. 大弹涂鱼 dàtántúyú

Boleophthalmus pectinirostris (Linnaeus, 1758)

虾虎鱼科 Gobiidae | 大弹涂鱼属 *Boleophthalmus* Valenciennes, 1837

英 文 名: goby。

地 方 名: 跳跳鱼。

主要特征: 背鳍V，I-22~25；臀鳍I-21~24；胸鳍18~19；腹鳍I-5；尾鳍16~17。体侧扁，背缘平直。无须。体及头背均被小圆鳞。无侧线。背鳍2个，分离，第一背鳍硬棘皆呈丝状延长，以第III棘为最长；胸鳍短而尖圆，基部具臂状肌柄；左右腹鳍愈合成一吸盘；尾鳍长而尖圆。体背侧青褐色，腹侧浅色。第一背鳍深蓝色，具许多不规则白色小点；第二背鳍蓝色，具4纵行小白斑；臀、胸及腹鳍皆为淡灰色；尾鳍灰青色，有时具白色小斑。

生活习性: 暖温性小型鱼类，栖息于河口咸淡水水域、近岸滩涂处或底质为烂泥的低潮区，广盐性，喜穴居；杂食性，以有机质、底藻、浮游动物及其他无脊椎动物等为食。

主要分布: 琼海博鳌。

种群数量: 常见。

173.弹涂鱼 tántúyú

Periophthalmus modestus Cantor, 1842

虾虎鱼科 Gobiidae　　　弹涂鱼属 *Periophthalmus* Bloch & Schneider, 1801

英 文 名：shuttles hoppfish。

地 方 名：跳跳鱼。

主要特征：背鳍XIV，I-12；臀鳍I-11~12；胸鳍14。体部及头背区均被有细小的圆鳞。第一背鳍较高，约呈三角形。第二背鳍及臀鳍未达尾鳍的基部。胸鳍末端略尖。尾鳍呈圆形。腹鳍愈合成一心型的吸盘，后缘微凹。体色呈灰褐色调，腹面灰白。背鳍的近上缘处有一灰色带；第二背鳍散布深色斑点。体侧具有4条模糊且向前斜下的灰黑色横带。

生活习性：暖温性的小型鱼类，栖息于河口咸淡水水域、近岸滩涂处或底质为烂泥的低潮区，穴居性鱼种。靠其胸鳍柄爬行及跳跃。主要以浮游生物、昆虫及其他无脊椎动物为食，亦会刮食附着在岩石上的藻类。

主要分布：琼海博鳌。

种群数量：常见。

174. 黄斑篮子鱼 huángbānlánzǐyú

Siganus canaliculatus (Park, 1797)

篮子鱼科 Siganidae **篮子鱼属 *Siganus* Forskål, 1775**

英 文 名：slimy spinefoot。

地 方 名：臭肚。

主要特征：背鳍I，XIII-12~13；臀鳍VII-9；胸鳍16~17；腹鳍I-3-I；尾鳍17~18。体呈长椭圆形，侧扁，背缘和腹缘呈弧形；尾柄细长。头小。吻尖突。眼大，侧位。口小；下颌短于上颌，几乎被上颌所包；头部有细鳞或裸露。背鳍1个，棘与软条之间有一缺刻；体黄绿色，背部颜色较深，腹部浅色。头部和体侧散布许多长圆形的小黄斑，在头后侧线起点下方常隐有1个长条形暗斑，各鳍浅黄色。

生活习性：暖水性小型鱼类，栖息于近海岩礁或珊瑚丛中，常进入河口咸淡水区，幼鱼喜生活于河口，常进入淡水水域；杂食性，以藻类及小型附着性无脊椎动物为食。

主要分布：琼海博鳌。

种群数量：常见。

渔业利用：经济鱼类，可养殖鱼类。

注：各鳍鳍棘有毒腺

175. 点篮子鱼 diǎnlánzǐyú

Siganus guttatus (Bloch, 1787)

篮子鱼科 Siganidae　　　　　　　　　　篮子鱼属 *Siganus* Forskål, 1775

英 文 名：orange-spotted spinefoot。

地 方 名：涩石。

主要特征：体呈椭圆形，体较高而侧扁。头小。吻尖突。眼大，侧位。口小，前下位；下颌短于上颌，几乎被上颌所包。体被小圆鳞，颊部前部具鳞，喉部中线具鳞。背鳍1个，棘与软条之间有无明显缺刻；体淡蓝绿色，密布橘黄色圆点，近尾柄处有1个黄斑。腹部为银色，身体覆盖着亮黄色斑点，背鳍末端有1个很大的黄色斑点。头部覆盖着条纹和斑点，背鳍、腹鳍与臀鳍的硬棘强大，尾鳍略凹。

生活习性：常栖息于海藻茂盛且水流平缓的礁石或潟湖区；仔稚鱼具漂浮期，幼鱼常进入潟湖觅食，成鱼则在沿海活动；杂食性，以礁石上的藻类及小型维管束植物为食；夏季繁殖，产黏性卵。

主要分布：琼海博鳌。

种群数量：常见。

渔业利用：经济鱼类，可养殖鱼类。

注：各鳍鳍棘有毒腺

176. 攀鲈 pānlú

Anabas testudineus (Bloch, 1792)

攀鲈科 **Anabantidae**　　　　　　　　　　　　　　　攀鲈属 *Anabas* Cuvier, 1817

英　文　名：climbing perch。

地　方　名：过山鲫、三毛。

主要特征：背鳍XVI~XVIII-9~10；臀鳍IX~X-10~11；胸鳍14~16；腹鳍I-5；尾
鳍16。体卵圆形，侧扁。下颌稍突出。头、体均被中等大的栉鳞。棕灰
色，背侧面色深，腹部浅色，体侧散布许多黑色斑点，并有10条黑绿色
的横纹。鳃盖骨后缘2个强棘之间及尾鳍基部中央各有1个大黑斑。

生活习性：生活在河沟和池塘中的热带、亚热带底层鱼类，喜栖息于平静、水流缓
慢、淤泥多的水体中，摄食大型浮游动物、小鱼、小虾、昆虫及幼虫等。

主要分布：琼中和平，琼海会山等地。

种群数量：常见。

渔业利用：经济鱼类，可养殖鱼类。

177. 叉尾斗鱼 chāwěidòuyú

Macropodus opercularis (Linnaeus, 1758)

斗鱼科 Belontiidae	斗鱼属 *Macropodus* Lacépède, 1802

英　文　名：paradise fish。

地　方　名：双慢、菩萨鱼。

主要特征：背鳍XII~XV-6~8；臀鳍XVII~XX-12~15；胸鳍10~12；腹鳍I-5，尾鳍15。体背缘几乎平直，尾柄甚短。臀鳍基部有数根鳍条较延长。尾鳍分叉，上、下叶外侧鳍条延长。体灰绿色，体侧有十余条蓝褐色的横带，自眼后至鳃盖有2根暗色斜纹。

生活习性：多生活于山塘、稻田及水泉等浅水地区，食无脊椎动物，个体小，卵浮性。

主要分布：琼中中平，琼海石壁等地。

种群数量：少见。

鲈形目 攀鲈亚目 Perciformes Anabantoidei

178. 香港斗鱼 xiānggǎngdòuyú

Macropodus hongkongensis **Freyhof & Herder, 2002**

斗鱼科 **Belontiidae**　　　　　　　　斗鱼属 *Macropodus* Lacépède, 1802

地方名：黑叉。

主要特征：背鳍XII~XV-7~8；臀鳍XVII~XVIII-13~14。身体侧扁延长略呈长方形。口端位，上下颌具细齿。尾柄短且侧扁，尾鳍叉形。体表底色为浅灰绿至灰色，体侧无横纹。鳃盖近后缘中央具一黑斑。背、臀、尾鳍鳍膜具朱红色断斑，部分边缘浅蓝绿色。无须，侧线退化。

生活习性：栖息于水生植物间，喜欢流水环境，昼行性，杂食性，主要摄食微型至小型水生动物，包括桡足类、枝角类及腹足类等。

主要分布：琼海会山。

种群数量：罕见。

179. 斑鳢 bānlǐ

Channa maculata (Lacépède, 1801)

鳢科 **Channidae**　　　　　　　　　　　　　　　鳢属 *Channa* Scopoli, 1777

英　文　名：blotched snakehead。

地　方　名：黑鱼、生鱼。

主要特征：背鳍38~44；臀鳍24~29；胸鳍16；腹鳍6；尾鳍15~17。体前端圆筒形，背、腹缘较平直。头大而宽钝。头及体部均被中等大的圆鳞。体灰黑色，腹部灰色。背部有1纵行黑斑，体侧有2纵行不规则黑斑，腹侧有1纵行灰黑色斑点。头背面两眼角间有1条黑色横带，其后有"八八"的显著斑纹。背鳍基部有1纵行黑色斑点，背鳍上方、腹鳍及尾鳍均有黑白相间斑纹。

生活习性：栖于江河、湖塘或沟渠，喜生活在泥底的水草丛中，适应能力强，典型的凶猛肉食性鱼类，卵浮性。

主要分布：琼海石壁、会山等地。

种群数量：常见。

180. 南鳢 nánlǐ

Channa gachua (Hamilton, 1822)

鳢科 Channidae	鳢属 *Channa* Scopoli, 1777

英 文 名：dwarf snakehead。

地 方 名：过山鲫。

主要特征：背鳍32~34；臀鳍20~24；胸鳍14；腹鳍I-5；尾鳍12~13。体背缘自头后略隆起，后端平直。头宽而平扁。头、体部均被圆鳞，头部鳞片扩大，尤以头背部为甚。侧线约在肛门前缘上方折断，折后沿体中部向后伸达尾鳍基部。体背侧绿褐色，腹部白色，体侧散布许多黑色小点。体背有8~9条横纹。背鳍、臀鳍和尾鳍黑色，边缘橙红色。

生活习性：热带、亚热带肉食性鱼类，喜栖居于泥底多水草的水体中。

主要分布：琼中和平，琼海石壁等地。

种群数量：常见。

181. 月鳢 yuèlǐ

Channa asiatica (Linnaeus, 1758)

鳢科 Channidae   鳢属 *Channa* Scopoli, 1777

英 文 名：small snakehead。

地 方 名：七星鱼。

主要特征：背鳍43~48；臀鳍26~32；胸鳍16；尾鳍14。体背、腹缘几乎平直，后部圆筒形。头、体部均被中等大的圆鳞。体绿褐色或灰黑色，体背部颜色较深，腹部灰白色。体侧沿中部有7~10条"<"形黑褐色横纹带。头背部黑褐色，胸鳍基部后上方有1个黑色大斑，尾柄部有1个白色边缘的黑色眼状斑。

生活习性：广温性鱼类，适应性强，性凶猛，动作迅速，为动物性杂食鱼类。

主要分布：琼海石壁。

种群数量：少见。

182. 鯒 yōng

***Platycephalus indicus* (Linnaeus, 1758)**

鯒科 Platycephalidae	**鯒属 *Platycephalus* Bloch, 1795**

英 文 名：bartailed flathead。

地 方 名：牛尾鱼。

主要特征：背鳍II，VII，I-13；臀鳍13；胸鳍18~21；腹鳍I-5；尾鳍20~21。体延长而平扁，向后渐细，吻背面近半圆形。下颌长于上颌。体被细小栉鳞。体黄褐色，背侧有6根褐色横纹，散布黑褐色斑点，臀鳍浅灰色，胸鳍灰黑色，密布暗褐色小斑，腹鳍浅褐色，有不规则小斑，尾鳍有黑色斑块。

生活习性：暖温性中小型鱼类，栖息于近岸及河口咸淡水交界处；肉食性，以底栖性鱼类或无脊椎动物为食。

主要分布：琼海博鳌。

种群数量：常见。

183. 中华花鲆 zhōnghuáhuāpíng

***Tephrinectes sinensis* (Lacepède, 1802)**

牙鲆科 Paralichthidae 　　　　　　　　　　花鲆属 *Tephrinectes* Günther, 1862

英 文 名：large-tooth flounder。

地 方 名：左口鱼。

主要特征：背鳍45~47；臀鳍37~38；胸鳍13~14；腹鳍6；尾鳍18。体呈椭圆形；两眼大部分位于左侧，但亦有反转而位于右侧者；两眼间有狭小骨脊，下眼较上眼稍前。头中大。口大，上颌延伸至下眼中央下方或稍后。除吻部、眼间隔和颌部外，头均被小鳞。无眼侧体无色，有眼侧体为褐色。身上有黑色小点，奇鳍上也有较大和小的暗斑。

生活习性：为暖水性底层鱼类，栖息于沿海浅水区，亦进入咸淡水、淡水；肉食性鱼类，主要捕食底栖性的甲壳类或是其他种类的小鱼。

主要分布：琼海博鳌。

种群数量：少见。

鲽形目 **Pleuronectiformes**
鲽亚目 *Pleuronectoidei*

184.马来斑鲆 mǎláibānpíng

Pseudorhombus malayanus Bleeker, 1865

牙鲆科 Paralichthidae   斑鲆属 *Pseudorhombus* Bleeker, 1862

鲽形目 Pleuronectiformes
鲽亚目 Pleuronectoidei

英文名：malayan flounder。

主要特征：背鳍74；臀鳍54；胸鳍12；腹鳍6；尾鳍17。体卵圆形，侧扁，背、腹缘弧形隆起，两眼均位于头的左侧。体两侧均被小栉鳞，仅无眼侧头部被圆鳞。体左右侧的侧线发达，侧线前方在胸鳍上方呈弧形弯曲，前方有1颗上枝，伸达背鳍第八至第九鳍条间，侧线后方平直，沿尾柄中部伸达鳍基。有眼侧呈浅褐色，背鳍、臀鳍和尾鳍均有大型暗斑。

生活习性：为暖水性底层鱼类，栖息于河口咸淡水及沿岸海域。

主要分布：琼海博鳌。

种群数量：少见。

185. 南海斑鲆 nánhǎibānpíng

Pseudorhombus neglectus Bleeker, 1865

牙鲆科 **Paralichthidae**　　　　　　　　斑鲆属 *Pseudorhombus* **Bleeker, 1862**

英　文　名：large-tooth flounder。

主要特征：背鳍74；臀鳍58；胸鳍12；腹鳍6；尾鳍19。体长卵圆形；两眼均在左侧；两眼间具狭小骨脊，上眼较下眼稍前，上眼前方无或微凹陷。背、腹缘弧形隆起，尾柄短而高。有眼侧被栉鳞，无眼侧被圆鳞，除吻部和鳃盖后缘外。全体被鳞，各鳍均被鳞，有眼侧体灰褐色，上有数个暗色圆斑。背鳍、臀鳍和尾鳍有暗色小斑点。

生活习性：为暖水性底层鱼类，栖息于河口咸淡水交界处及近海一带；肉食性鱼类，主要捕食底栖性的甲壳类或是其他种类的小鱼。

主要分布：琼海博鳌。

种群数量：少见。

186. 卵鳎 luǎntǎ

Solea ovata Richardson, 1846

鳎科 Soleidae	鳎属 *Solea* Cuvier, 1817

英 文 名：ovate sole。

主要特征：背鳍63~67；臀鳍47~51；胸鳍7~8；腹鳍5；尾鳍18。体长卵圆形，背缘和腹缘稍隆起，尾柄短而高。头略小。吻稍突出于口前方。眼小，上眼较前，下眼稍后，且眼离头背缘稍远。体两侧及各鳍条被小鳞。仅有眼侧有1条侧线，颇平直。眼侧体橄榄褐色，且散具小黑点，沿背缘有5个黑圆斑，沿腹缘则有4个，沿侧线则有7~8个；胸鳍外缘2/3为深黑色。

生活习性：生活于热带海域，偶尔会进入河口区。平时大多停栖于海底，并将鱼体埋藏于沙泥中，只露出两眼观察四周，能随环境略微改变体色；以底栖性甲壳类为食；游泳能力不佳，以波浪状的方式上下摆动鱼体来游泳。

主要分布：琼海博鳌。

种群数量：少见。

187. 东方箬鳎 dōngfāngruòtǎ

Bracirus orientalis **(Bloch & Schneider, 1801)**

| 鳎科 Soleidae | 箬鳎属 *Bracirus* Swainson, 1839 |

英 文 名：oriental sole。

主要特征：背鳍60~64；臀鳍47~48；胸鳍7；腹鳍5；尾鳍17~18。体侧扁，椭圆形。吻圆钝，突出于口的前方，不呈钩状突。体两侧均被栉鳞，有眼侧体灰褐色，散布黑色小点，沿体背、腹缘及中央各有1列云状灰黑色斑，体中部有1列垂直黑色短纹，胸鳍黑褐色；无眼侧淡黄白色。

生活习性：栖息于沿岸较浅的泥沙底质水域；以底栖性甲壳类为食。

主要分布：琼海博鳌。

种群数量：常见。

鲽形目 Pleuronectiformes
鳎亚目 Soleidei

硬骨鱼纲 | 189

188. 带纹条鳎 dàiwéntiáotǎ

Zebrias zebra (Bloch, 1787)

鳎科 **Soleidae**   条鳎属 *Zebrias* Jordan & Snyder, 1900

英文名：zebra sole。

主要特征：体长椭圆形，侧扁；两眼均位头之右侧，两眼相邻，无黑褐短触须，眼间隔处有鳞片。口小；吻圆钝；上下颌有眼侧无齿。体两侧皆被栉鳞；侧线1条，平直，侧线被圆鳞。背鳍与臀鳍鳍条均不分枝，尾鳍完全与背、臀鳍相连；无眼侧无胸鳍或不发达，有眼侧具胸鳍，鳃膜与胸鳍上半部鳍条相连，胸鳍不分支。有眼侧体黄褐色，由头至尾有12对黑褐环带或20~23条横带；尾鳍为黑褐色，有白斑点。

生活习性：暖水性近海底层鱼类，栖息于沿岸较浅的泥沙底质海域；以底栖性甲壳类为食。

主要分布：琼海博鳌。

种群数量：常见。

189. 豹鳎 bàotǎ

Pardachirus pavoninus (Lacépède, 1802)

鳎科 Soleidae　　　　　　　　　　　　　　　　　　　　豹鳎属 *Pardachirus* Günther, 1862

英 文 名：peacock sole。

主要特征：体长卵形，极侧扁；两眼皆在右侧，眼间隔处具鳞片。口小；无眼侧具细齿带。两侧皆具弱栉鳞。背鳍、臀鳍鳍条均分枝，鳍膜上不被鳞，背鳍与臀鳍基部具圆孔；腹鳍不对称，有眼侧腹鳍基底长，且与生殖突或臀鳍相连；无胸鳍；尾鳍与背、臀鳍分离。有眼侧体呈淡黄褐色，头部、体侧及各鳍边缘有黑环的不规则白斑点，有的中央有灰黑点。无眼侧淡黄白色。

生活习性：暖水性底层海鱼；以底栖性动物为食，尤其是甲壳类。

主要分布：琼海博鳌。

种群数量：少见。

注：皮肤具毒性

190. 舌鳞舌鳎 shélínshétǎ

Cynoglossus macrolepidotus (Bleeker, 1851)

舌鳎科 Cynoglossidae	舌鳎属 *Cynoglossus* Hamilton, 1822

主要特征：背鳍112~118；臀鳍87~92；腹鳍4；尾鳍10。体背缘和腹缘略隆起。头较短。吻稍长，圆钝，钩状突起较短。上眼在体的中侧线以下或上眼缘紧接中侧线，上眼比下眼稍前，下眼在口裂中后部上方。鳞片较大，无眼侧被圆鳞，有眼侧被栉鳞，尾鳍被鳞，其余各鳍不被鳞。无眼侧无侧线，有眼侧有2条侧线，在体上部和中部，中部侧线从鳃盖末端起贯穿体中轴。无眼侧体无色，有眼侧褐色，各鳍灰褐色。

生活习性：为暖温性底层鱼类，栖息于近岸及河口咸淡水水域，可进入江河下游淡水区。主要摄食底栖无脊椎动物。

主要分布：琼海博鳌。

种群数量：常见。

191. 斑头舌鳎 bāntóushétǎ

Cynoglossus puncticeps (Richardson, 1846)

舌鳎科 Cynoglossidae　　　　　　　　舌鳎属 *Cynoglossus* Hamilton, 1822

鲽形目 Pleuronectiformes　鳎亚目 Soleidei

英 文 名：speckled tonguesole。

主要特征：背鳍95~98；臀鳍74~78；腹鳍4；尾鳍9~11。体舌形，长而扁。头短而高。吻略短，前端圆钝。眼中等大，上眼稍前于下眼。体两侧均被栉鳞，无眼侧前端部鳞片形成绒毛状突起，鳃盖骨被鳞。背鳍基至上侧线间横列鳞6行，上、中侧线间横裂鳞18~20行，有眼侧有2条侧线，无眼侧无侧线。有眼侧褐色而散布黑斑块，鳍黄褐色，具黑褐色垂直条纹；无眼侧淡色，鳍淡灰白色。

生活习性：暖水性中小型底层鱼类，栖息于近岸及河口咸淡水水域，有时也进入江河下游淡水水域；以底栖无脊椎动物为食。

主要分布：琼海博鳌。

种群数量：常见。

192. 短吻红舌鳎
duǎnwěnhóngshétǎ
Cynoglossus joyneri Günther, 1878

舌鳎科 Cynoglossidae   舌鳎属 *Cynoglossus* Hamilton, 1822

英文名：red tonguesole。

主要特征：背鳍116；腹鳍4；尾鳍8。体狭长而扁。吻圆钝，吻钩较短，末端在有眼侧前鼻孔的前下方。两眼均在头部的左侧，上眼稍前于下眼。体两侧被栉鳞，无眼侧头部为圆鳞，除尾鳍基部外，各鳍均无鳞。有眼侧侧线3条。背鳍基部至上侧线间横列鳞2行，上中侧线间横列鳞11行，中下侧线间横列鳞10行，下侧线至臀鳍基部横列鳞2行，无眼侧无侧线。有眼侧淡红褐色至黄褐色，鳞片中央具暗色点而形成纵纹，鳍为淡黄色；无眼侧白色，鳍淡灰白色。

生活习性：暖水性中小型底层鱼类，栖息于近岸及河口咸淡水交界水域；以底栖无脊椎动物，如多毛类及甲壳类等为食。

主要分布：琼海博鳌。

种群数量：常见。

193. 长钩须鳎 chánggōuxūtǎ

Paraplagusia bilineata (Bloch, 1787)

| 舌鳎科 Cynoglossidae | 须鳎属 *Paraplagusia* Bleeker, 1865 |

英 文 名：doublelined tonguesole。

主要特征：体甚长侧扁。吻部较长，前方钝圆，后下方的钩状突很长。两侧均被以小型栉鳞，各鳍均部被鳞。有眼侧有2条侧线。背鳍、臀鳍均与尾鳍相连，鳍条均不分枝，背鳍起点在吻部的前方，无胸鳍，仅有眼侧有腹鳍，尾鳍后缘呈尖形。

生活习性：热带及暖水性浅海底层鱼，一般生活于泥沙底水域；以底栖无脊椎动物为食；幼鱼常出现于潮间带，在浪潮中或游动或下潜，活动力强。

主要分布：琼海博鳌。

种群数量：常见。

194. 日本须鳎 rìběnxūtǎ

Paraplagusia japonica (Temminck & Schlegel, 1864)

舌鳎科 Cynoglossidae 　　　　　　　　　　须鳎属 *Paraplagusia* Bleeker, 1865

英文名：black cow-tongue。

主要特征：体长舌形；两眼均位于左侧，两眼分开。口下位。有眼侧被小栉鳞，无眼侧被圆鳞，前端部的鳞片略变形，各鳍均不被鳞。有眼侧有3条侧线，无眼侧无侧线。有眼侧体灰黑色至黑褐色，体具不规则小斑点，鳍黄褐色；无眼侧白色，鳍黑色。

生活习性：亚热带及暖温带底层浅海鱼类，栖息在泥沙底质水域；以底栖无脊椎动物为食。

主要分布：琼海博鳌。

种群数量：常见。

195. 星点多纪鲀

xīngdiǎnduōjìtún

Takifugu niphobles (Jordan & Snyder, 1901)

鲀科 Tetraodontidae	多纪鲀属 *Takifugu* Abe, 1949

英 文 名：grass puffer。

主要特征：背鳍12~13；臀鳍11；胸鳍15~17；尾鳍9~10。体背、腹面及两侧均被小刺，小刺基底具圆形肉质突起。背部有许多大小不等的淡绿色圆斑，斑的边缘黄褐色，形成网纹。体上部有数条深褐色横带。胸鳍后上方和背鳍基底有不明显黑斑。

生活习性：暖温性近海小型鱼类。常栖息于近海岩礁及沙砾底海域，有潜沙的习性。

主要分布：琼海博鳌。

种群数量：常见。

注：肝、肠、卵均有猛毒，肝脏全年有毒，尤其与其他河豚不同的是精巢有强毒

196. 弓斑多纪鲀 gōngbānduōjìtún

Takifugu ocellatus (Linnaeus, 1758)

鲀科 Tetraodontidae　　　　　　　　　多纪鲀属 *Takifugu* Abe, 1949

英 文 名：pufferfish。

主要特征：背鳍13~14；臀鳍12；胸鳍16；尾鳍9~10。体躯干部粗壮，腹部圆形，尾部渐细狭、侧扁。体腹侧下缘有1纵行皮褶。体背自鼻瓣前缘上方至背鳍前方及腹面自鼻瓣前缘下方至肛门前方被小棘。鳃孔内侧淡色。背鳍近似镰刀形，位于体后部；无腹鳍；胸鳍宽短，近方形；尾鳍宽大，截形或近圆形。体背部为黄绿色，腹面乳白色；胸鳍上方具一橙黄缘的黑色鞍状斑；背鳍基部另具黑斑块。各鳍浅黄色。

生活习性：暖温性底层中小型鱼类。常栖息于近海及河口咸淡水水域，也可进入淡水江段，数量不多；主要以软体动物、甲壳类、棘皮动物及鱼类等为食。

主要分布：琼海博鳌。

种群数量：常见。

注：肝脏及卵巢有毒，肉及精巢无毒

197. 纹腹叉鼻鲀 wénfùchābítún

Arothron hispidus (Linnaeus, 1758)

四齿鲀科 Tetraodontidae　　　　　　　　　叉鼻鲀属 *Arothron* Müller, 1841

（右侧竖排）鲀形目　鲀亚目 Tetraodontiformes Tetraodontoidei

英　文　名：whitespotted puffer。

主要特征：体长椭圆形，体头部粗圆，尾柄侧扁。体侧下缘无纵行皮褶。口小，端位。吻短，圆钝。眼中大，侧上位。体背腹面，除眼周围与尾柄后部外，全布满小棘。背鳍尖，位于体后部。臀鳍与其同形。无腹鳍；胸鳍宽短，后缘呈圆弧形；尾鳍宽大，呈圆弧形。背、头与体侧有大小不一的白圆斑，喉部圆斑大，尾柄圆斑小；腹部底有许多平行的深褐色细纹；眼睛与鳃孔周围有1~3条不明显的白线；背鳍基与胸鳍基黑色；除胸鳍黄褐色外，各鳍棕色。

生活习性：主要栖息于潟湖，亦有被发现于河口区，通常单独活动，有领域性；以藻类、碎屑、有孔虫、多毛类、被囊动物、小型腹足类和鱼类等为食。

主要分布：琼海博鳌。

种群数量：少见。

注：肝脏及卵巢有剧毒

198. 无斑叉鼻鲀 wúbānchābítún

Arothron immaculatus (Bloch & Schneider, 1801)

四齿鲀科 Tetraodontidae   **叉鼻鲀属 *Arothron* Müller, 1841**

英文名：immaculate puffer。

主要特征：体长椭圆形，体头部粗圆，尾柄侧扁。体侧下缘无纵行皮褶。口小，端位。上下颌各有2个喙状大牙板。吻短，圆钝。眼中大，侧上位。体背腹面，除了尾柄后半部、口、眼、背鳍、臀鳍、胸鳍与鳃孔外，全身布满小棘。背鳍圆形至稍微尖形，位于体后部。臀鳍与其同形。无腹鳍。胸鳍宽短，后缘呈圆弧形。尾鳍宽大，呈圆弧形。体背部灰褐色，腹面白色；鳃孔与胸鳍基通常颜色较深；上唇边缘白色。背鳍、臀鳍与尾鳍浅灰棕色；尾鳍外缘黑色；胸鳍灰白色。

生活习性：主要栖息于潟湖、红树林区及河口区域；主要以藻类、碎屑及小型底栖无脊椎动物为食。

主要分布：琼海博鳌。

种群数量：少见。

注：肝脏及卵巢有剧毒

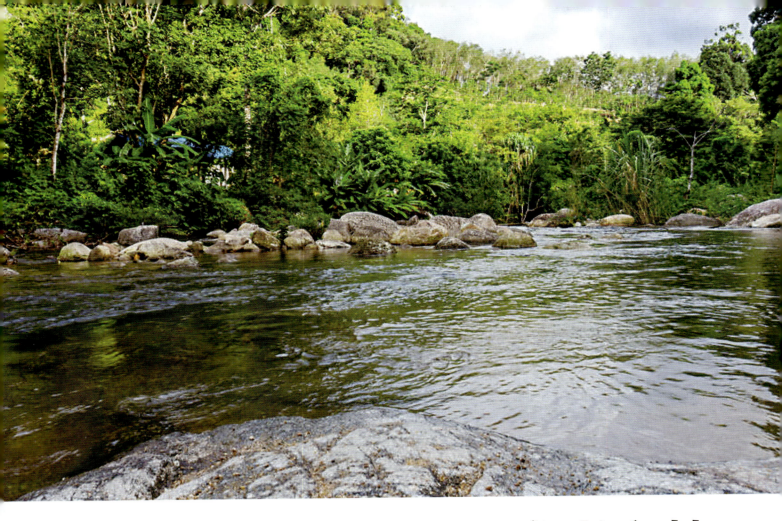

REFERENCES **参考文献**

陈宜瑜, 1998. 中国动物志·硬骨鱼纲(中卷): 鲤形目 [M]\. 北京: 科学出版社.

陈宜瑜, 1998. 中国动物志·硬骨鱼纲(下卷): 鲤形目 [M]\. 北京: 科学出版社.

何静平, 1989. 国家重点保护野生动物名录[J]. 中华人民共和国国务院公报(2): 48.

蒋志刚, 江建平, 王跃招, 等, 2016. 中国脊椎动物红色名录[J]. 生物多样性, 24(05): 501-551, 615.

李家乐, 董志国, 2007. 中国外来水生动物植物[M]. 上海: 上海科学技术出版社.

李龙兵, 王旭涛, 2020. 海南省万泉河流域水生态健康评估[M]. 北京: 中国水利水电出版社.

李新辉, 李捷, 2020. 海南岛淡水及河口鱼类原色图鉴[M]. 北京: 科学出版社.

申志新, 王德强, 2021. 海南淡水及河口鱼类图鉴[M]. 北京: 中国农业出版社.

汪松, 解焱, 2004. 中国物种红色名录[M]. 北京: 高等教育出版社.

王鹏, 2014. 海南主要水生生物[M]. 北京: 海洋出版社.

王鹏, 2017. 海南海洋鱼类图片名录[M]. 北京: 海洋出版社.

伍汉霖, 邵广昭, 2017. 拉汉世界鱼类系统名典[M]. 青岛: 中国海洋大学出版社.

伍汉霖, 钟俊生, 2008. 中国动物志·硬骨鱼纲: 鲈形目(五) [M]. 北京: 科学出版社.

颜云榕, 易木荣, 2021. 南海经济鱼类图鉴[M]\. 北京: 科学出版社.

张春光, 赵亚辉, 2016. 中国内陆鱼类物种与分布[M]\. 北京: 科学出版社.

中国水产科学研究院珠江水产研究所, 中国水产科学研究院东海水产研究所, 1986. 海南岛淡水及河口鱼类志[M]. 广东: 广东科技出版社.

Li F, Liao T Y, Bohlen J, et al. Two new species of Tanichthys (Teleostei: Cypriniformes) from China[J]. Journal of Vertebrate Biology, 2022, 71(21067): 1-13.

POSTSCRIPT 后　记

　　海南省海洋与渔业科学院淡水渔业研究所（海南淡水生物资源及生态环境保护研究中心）"淡水水生生物资源保护与可持续利用"团队自2017年开始，对万泉河鱼类进行了多年的调查与监测，取得了大量的数据，梳理了其种类组成和分布状况，采集并保存了大量的鱼类标本，构建了万泉河鱼类种质资源库，为此书的编撰出版奠定了基础。万泉河鱼类调查监测工作得到了农业农村部长江流域渔政监督管理办公室、海南省农业农村厅、琼海市农业农村局及万泉河国家级水产种质资源保护区管理站的大力支持和帮助，中国水产科学研究院珠江水产研究所、中国科学院水生生物研究所、南海海洋资源利用国家重点实验室、华大基因青岛研究院、上海市自然博物馆、中国农业出版社等为该书的出版给予了技术支持，在此一并致谢。

附录 APPENDIX

序号	目	科	属	种类	拉丁名
1	鲼形目	魟科	魟属	赤魟	*Hemitrygon akajei*
2	海鲢目	海鲢科	海鲢属	海鲢	*Elops machnata*
3		大海鲢科	大海鲢属	太平洋大海鲢	*Megalops cyprinoides*
4	鼠鱚目	遮目鱼科	遮目鱼属	遮目鱼	*Chanos chanos*
5	鲱形目	鲱科	鰶属	花鰶	*Clupanodon thrissa*
6			斑鰶属	斑鰶	*Konosirus punctatus*
7			鳓属	鳓	*Ilisha elongata*
8		鳀科	棱鳀属	中颌棱鳀	*Thryssa mystax*
9				长颌棱鳀	*Thryssa setirostris*
10	鳗鲡目	鳗鲡科	鳗鲡属	日本鳗鲡	*Anguilla japonica*
11				花鳗鲡	*Anguilla marmorata*
12		海鳗科	海鳗属	灰海鳗	*Muraenesox cinereus*
13		蠕鳗科	虫鳗属	裸鳍虫鳗	*Muraenichthys gymnopterus*
14				马拉邦虫鳗	*Muraenichthys thompsoni*
15		蛇鳗科	须鳗属	中华须鳗	*Cirrhimuraena chinensis*
16			豆齿鳗属	杂食豆齿鳗	*Pisodonophis boro*
17				食蟹豆齿鳗	*Pisodonophis cancrivorus*
18	鲤形目	鲤科	波鱼属	南方波鱼	*Rasbora steineri*
19			异鱲属	海南异鱲	*Parazacco fasciatus*
20			马口鱼属	海南马口鱼	*Opsariichthys hainanensis*
21			唐鱼属	黄臀唐鱼	*Tanichthys flavianalis*
22			拟细鲫属	拟细鲫	*Aphyocypris normalis*

序号	目	科	属	种类	拉丁名
23			高体鲃属	施氏高体鲃	*Barbonymus schwanenfeldii*
24			青鱼属	青鱼	*Mylopharyngodon piceus*
25			草鱼属	草鱼	*Ctenopharyngodon idella*
26			鲌属	蒙古鲌	*Culter mongolicus*
27				红鳍鲌	*Culter erythropterus*
28				海南鲌	*Culter recurviceps*
29			拟鲌属	海南拟鲌	*Pseudohemiculter hainanensis*
30			鲂属	三角鲂	*Megalobrama terminalis*
31			华鳊属	海南华鳊	*Sinibrama affinis*
32			海南鲌属	海南鲌	*Hainania serrata*
33			梅氏鳊属	线纹梅氏鳊	*Metzia lineata*
34				台湾梅氏鳊	*Metzia formosae*
35			似鲚属	海南似鲚	*Toxabramis houdemeri*
36			鲌属	鲌	*Hemiculter leucisculus*
37	鲤形目	鲤科	鲴属	黄尾鲴	*Xenocypris davidi*
38				银鲴	*Xenocypris macrolepis*
39			鳑鲏属	高体鳑鲏	*Rhodeus ocellatus*
40				刺鳍鳑鲏	*Rhodeus spinalis*
41			鱊属	大鳍鱊	*Acheilognathus macropterus*
42			小鲃属	条纹小鲃	*Puntius semifasciolatus*
43			倒刺鲃属	光倒刺鲃	*Spinibarbus hollandi*
44				锯齿倒刺鲃	*Spinibarbus denticulatus*
45			光唇鱼属	虹彩光唇鱼	*Acrossocheilus iridescens*
46			白甲鱼属	细尾白甲鱼	*Onychostoma lepturum*
47			鲮属	鲮	*Cirrhinus molitorella*
48				麦瑞加拉鲮	*Cirrhinus mrigala*
49			纹唇鱼属	暗花纹唇鱼	*Osteochilus salsburyi*
50			墨头鱼属	东方墨头鱼	*Garra orientalis*
51			鳕属	间鳕	*Hemibarbus medius*
52			鳈属	海南黑鳍鳈	*Sarcocheilichthys hainanensis*

序号	目	科	属	种类	拉丁名
53	鲤形目	鲤科	银鮈属	银鮈	*Squalidus argentatus*
54				点纹银鮈	*Squalidus wolterstorffi*
55			小鳔鮈属	嘉积小鳔鮈	*Microphysogobio kachekensis*
56			似鮈属	似鮈	*Pseudogobio vaillanti*
57			鲤属	尖鳍鲤	*Cyprinus acutidorsaulis*
58				鲤	*Cyprinus carpio*
59			须鲫属	须鲫	*Carassioides acuminatus*
60			鲫属	鲫	*Carassius auratus*
61			道森鲃属	黑点道森鲃	*Dawkinsia filamentosa*
62			鲢属	花鲢	*Hypophthalmichthys nobilis*
63				鲢	*Hypophthalmichthys molitrix*
64		条鳅科	小条鳅属	美丽小条鳅	*Micronemacheilus pulcher*
65			南鳅属	横纹南鳅	*Schistura fasciolata*
66		鳅科	花鳅属	中华花鳅	*Cobitis sinensis*
67			泥鳅属	泥鳅	*Misgurnus anguillicaudatus*
68			副泥鳅属	大鳞副泥鳅	*Paramisgurnus dabryanus*
69		爬鳅科	爬鳅属	广西爬鳅	*Balitora kwangsiensis*
70			近腹吸鳅属	保亭近腹吸鳅	*Plesiomyzon baotingensis*
71			拟平鳅属	琼中拟平鳅	*Liniparhomaloptera qiongzhongensis*
72			原缨口鳅属	海南原缨口鳅	*Vanmanenia hainanensis*
73			爬岩鳅属	爬岩鳅	*Beaufortia leveretti*
74	脂鲤目	脂鲤科	巨脂鲤属	短盖巨脂鲤	*Piaractus brachypomus*
75	鲇形目	鲇科	隐鳍鲇属	糙隐鳍鲇	*Pterocryptis anomala*
76				越南隐鳍鲇	*Pterocryptis cochinchinensis*
77			鲇属	鲇	*Silurus asotus*
78		胡子鲇科	胡子鲇属	棕胡子鲇	*Clarias fuscus*
79				蟾胡子鲇	*Clarias batrachus*
80				革胡子鲇	*Clarias gariepinus*
81		鲿科	疯鲿属	纵纹疯鲿	*Tachysurus virgatus*

序号	目	科	属	种类	拉丁名
82	鲇形目	巨鲇科	无齿鲇属	低眼巨无齿鲇	*Pangasianodon hypophthalmus*
83		甲鲇科	翼甲鲇属	豹纹翼甲鲇	*Pterygoplichthys pardalis*
84		鮡科	纹胸鮡属	海南纹胸鮡	*Glyptothorax hainanensis*
85		海鲇科	海鲇属	斑海鲇	*Arius maculatus*
86	鳉形目	花鳉科	食蚊鱼属	食蚊鱼	*Gambusia affinis*
87	颌针鱼目	怪颌鳉科	青鳉属	青鳉	*Oryzias latipes*
88				弓背青鳉	*Oryzias curvinotus*
89		颌针鱼科	柱颌针鱼属	尾斑柱颌针鱼	*Strongylura strongylura*
90		鱵科	吻鱵属	乔氏吻鱵	*Rhynchorhamphus georgii*
91			鱵属	斑鱵	*Hemiramphus fas*
92				钝鱵	*Hemiramphus robustus*
93			下鱵属	瓜氏下鱵	*Hyporhamphus quoyi*
94	鲻形目	鲻科	鲻属	鲻	*Mugil cephalus*
95			鲮属	棱龟鲮	*Planiliza carinata*
96				龟鲮	*Planiliza haematocheila*
97	合鳃鱼目	合鳃鱼科	黄鳝属	黄鳝	*Monopterus albus*
98		刺鳅科	刺鳅属	大刺鳅	*Mastacembelus armatus*
99	鲈形目	舒科	舒属	日本舒	*Sphyraena japonica*
100		马鲅科	四指马鲅属	四指马鲅	*Eleutheronema tetradactylum*
101			马鲅属	黑斑多指马鲅	*Polydactylus sextarius*
102		双边鱼科	双边鱼属	眶棘双边鱼	*Ambassis gymnocephalus*
103				古氏双边鱼	*Ambassis kopsii*
104		鮨科	石斑鱼属	长棘石斑鱼	*Epinephelus longispinis*
105		尖吻鲈科	尖吻鲈属	尖吻鲈	*Lates calcarifer*
106		棘臀鱼科	太阳鱼属	蓝鳃太阳鱼	*Lepomis macrochirus*
107		鱚科	鱚属	杂色鱚	*Sillago aeolus*
108				多鳞鱚	*Sillago sihama*
109		鲹科	鲹属	六带鲹	*Caranx sexfasciatus*
110		石首鱼科	枝鳔石首鱼属	勒氏枝鳔石首鱼	*Dendrophysa russelii*
111			黄姑鱼属	浅色黄姑鱼	*Nibea coibor*

序号	目	科	属	种类	拉丁名
112	鲈形目	鲾科	仰口鲾属	静仰口鲾	*Secutor insidiator*
113				鹿斑仰口鲾	*Secutor ruconius*
114			鲾属	短吻鲾	*Leiognathus brevirostris*
115				短棘鲾	*Leiognathus equulus*
116		银鲈科	银鲈属	长棘银鲈	*Gerres filamentosus*
117				短棘银鲈	*Gerres limbatus*
118		笛鲷科	笛鲷属	紫红笛鲷	*Lutjanus argentimaculatus*
119				金焰笛鲷	*Lutjanus fulviflamma*
120		鲷科	犁齿鲷属	二长棘犁齿鲷	*Evynnis cardinalis*
121			棘鲷属	灰鳍棘鲷	*Acanthopagrus berda*
122				黄鳍棘鲷	*Acanthopagrus latus*
123				黑棘鲷	*Acanthopagrus schlegelii*
124		石鲈科	石鲈属	大斑石鲈	*Pomadasys maculates*
125		鯻科	吻鯻属	突吻鯻	*Rhynchopelates oxyrhynchus*
126			鯻属	细鳞鯻	*Therapon jarbua*
127			牙鯻属	四线列牙鯻	*Pelates quadrilineatus*
128		鸡笼鲳科	鸡笼鲳属	斑点鸡笼鲳	*Drepane punctata*
129		鸢鱼科	大眼鲳属	银大眼鲳	*Monodactylus argenteus*
130		金钱鱼科	金钱鱼属	金钱鱼	*Scatophagus argus*
131		汤鲤科	汤鲤属	大口汤鲤	*Kuhlia rupestris*
132		丽鱼科	口孵非鲫属	莫桑比克口孵非鲫	*Oreochromis mossambicus*
133				尼罗口孵非鲫	*Oreochromis niloticus*
134			/	红罗非鱼	杂交鱼类无学名
135			非鲫属	齐氏非鲫	*Coptodon zillii*
136			帚齿非鲫属	伽利略帚齿非鲫	*Sarotherodon galilaeus*
137			奇非鲫属	布氏奇非鲫	*Heterotilapia buttikoferi*
138			副丽鱼属	花身副丽鱼	*Parachromis managuensis*
139			双冠丽鱼属	厚唇双冠丽鱼	*Amphilophus labiatus*
140			/	鹦鹉鱼	杂交鱼类无学名
141		鼠䲁科	鼠䲁属	弯角鼠䲁	*Callionymus curvicornis*

附 录 APPENDIX

序号	目	科	属	种类	拉丁名
142		沙塘鳢科	新沙塘鳢属	海南新沙塘鳢	*Neodontobutis hainanensis*
143			乌塘鳢属	中华乌塘鳢	*Bostrychus sinensis*
144			尖塘鳢属	云斑尖塘鳢	*Oxyeleotris marmorata*
145		塘鳢科	塘鳢属	黑体塘鳢	*Eleotris melanosoma*
146				尖头塘鳢	*Eleotris oxycephala*
147			嵴塘鳢属	锯嵴塘鳢	*Butis koilomatodon*
148				嵴塘鳢	*Butis butis*
149			狼牙虾虎鱼属	拉氏狼牙虾虎鱼	*Odontamblyopus rubicundus*
150		鳗虾虎鱼科	鳗虾虎鱼属	须鳗虾虎鱼	*Taenioides cirratus*
151			孔虾虎鱼属	孔虾虎鱼	*Trypauchen vagina*
152			舌虾虎鱼属	金黄舌虾虎鱼	*Glossogobius aureus*
153				西里伯舌虾虎鱼	*Glossogobius celebius*
154				舌虾虎鱼	*Glossogobius giuris*
155				斑纹舌虾虎鱼	*Glossogobius olivaceus*
156			阿胡虾虎鱼属	黑首阿胡虾虎鱼	*Awaous melanocephalus*
157	鲈形目			睛斑阿胡虾虎鱼	*Awaous ocellaris*
158			鹦虾虎鱼属	纵带鹦虾虎鱼	*Exyrias puntang*
159			沟虾虎鱼属	眼瓣沟虾虎鱼	*Oxyurichthys ophthalmonema*
160				小鳞沟虾虎鱼	*Oxyurichthys microlepis*
161		虾虎鱼科	寡鳞虾虎鱼属	尖鳍寡鳞虾虎鱼	*Oligolepis acutipinnis*
162			蜂巢虾虎鱼属	雷氏蜂巢虾虎鱼	*Favonigobius reichei*
163			拟虾虎鱼属	爪哇拟虾虎鱼	*Pseudogobius javanicus*
164			吻虾虎鱼属	子陵吻虾虎鱼	*Rhinogobius giurinus*
165				溪吻虾虎鱼	*Rhinogobius duospilus*
166				陵水吻虾虎鱼	*Rhinogobius lingshuiensis*
167				李氏吻虾虎鱼	*Rhinogobius leavelli*
168				万泉河吻虾虎鱼	*Rhinogobius wanchuagensis*
169				三更罗吻虾虎鱼	*Rhinogobius sangenloensis*
170			狭虾虎鱼属	眼带狭虾虎鱼	*Stenogobius ophthalmoporus*
171			枝牙虾虎鱼属	多鳞枝牙虾虎鱼	*Stiphodon multisquamus*

序号	目	科	属	种类	拉丁名
172	鲈形目	虾虎鱼科	大弹涂鱼属	大弹涂鱼	*Boleophthalmus pectinirostris*
173			弹涂鱼属	弹涂鱼	*Periophthalmus modestus*
174		篮子鱼科	篮子鱼属	黄斑篮子鱼	*Siganus canaliculatus*
175				点篮子鱼	*Siganus guttatus*
176		攀鲈科	攀鲈属	攀鲈	*Anabas testudineus*
177		斗鱼科	斗鱼属	叉尾斗鱼	*Macropodus opercularis*
178				香港斗鱼	*Macropodus hongkongensis*
179		鳢科	鳢属	斑鳢	*Channa maculata*
180				南鳢	*Channa gachua*
181				月鳢	*Channa asiatica*
182	鲉形目	鲬科	鲬属	鲬	*Platycephalus indicus*
183	鲽形目	牙鲆科	花鲆属	中华花鲆	*Tephrinectes sinensis*
184			斑鲆属	马来斑鲆	*Pseudorhombus malayanus*
185				南海斑鲆	*Pseudorhombus neglectus*
186		鳎科	鳎属	卵鳎	*Solea ovata*
187			箬鳎属	东方箬鳎	*Bracirus orientalis*
188			条鳎属	带纹条鳎	*Zebrias zebra*
189			豹鳎属	豹鳎	*Pardachirus pavoninus*
190		舌鳎科	舌鳎属	舌鳞舌鳎	*Cynoglossus macrolepidotus*
191				斑头舌鳎	*Cynoglossus puncticeps*
192				短吻红舌鳎	*Cynoglossus joyneri*
193			须鳎属	长钩须鳎	*Paraplagusia bilineata*
194				日本须鳎	*Paraplagusia japonica*
195	鲀形目	鲀科	多纪鲀属	星点多纪鲀	*Takifugu niphobles*
196				弓斑多纪鲀	*Takifugu ocellatus*
197			叉鼻鲀属	纹腹叉鼻鲀	*Arothron hispidus*
198				无斑叉鼻鲀	*Arothron immaculatus*